高等院校计算机类专业系列教材

Python 程序设计

马杨珲　张银南　主　编

马伟锋　朱　梅　副主编

电子工业出版社

Publishing House of Electronics Industry

北京·BEIJING

内 容 简 介

本书是根据近几年的程序设计课程的教学实践，并考虑读者对 Python 语言的需求而编写的。全书共 12 章，主要内容可分为两部分，基础部分包括 Python 语言概述、Python 程序设计基础、基本数据类型与表达式、程序的基本控制结构、组合数据类型、函数、文件操作；提高与实践部分包括面向对象程序设计、错误和异常处理、Python 科学计算与数据分析开发基础、网络爬虫入门与应用、图形用户界面设计。

本书结合基本知识、典型例题、实例应用等内容，叙述深入浅出、循序渐进，程序案例生动易懂，对读者有很好的启发性。另外，本书每章均配有精心设计的习题。

本书既可作为本专科院校 Python 语言程序设计课程的教材，也可作为广大计算机爱好者学习 Python 语言程序设计的参考用书。

图书在版编目（CIP）数据

Python 程序设计 / 马杨珲，张银南主编. —北京：电子工业出版社，2021.1

ISBN 978-7-121-40188-6

Ⅰ．①P…　Ⅱ．①马…　②张…　Ⅲ．①软件工具－程序设计－高等学校－教材　Ⅳ．①TP311.561

中国版本图书馆 CIP 数据核字（2020）第 245081 号

责任编辑：贺志洪

印　　刷：北京七彩京通数码快印有限公司
装　　订：北京七彩京通数码快印有限公司
出版发行：电子工业出版社
　　　　　北京市海淀区万寿路 173 信箱　邮编 100036
开　　本：787×1092　1/16　印张：14.5　字数：371.2 千字
版　　次：2021 年 1 月第 1 版
印　　次：2024 年 7 月第 6 次印刷
定　　价：44.00 元

凡所购买电子工业出版社图书有缺损问题，请向购买书店调换。若书店售缺，请与本社发行部联系、联系及邮购电话：（010）88254888，88258888。

质量投诉请发邮件至 zlts@phei.com.cn，盗版侵权举报请发邮件至 dbqq@phei.com.cn。

本书咨询联系方式：（010）88254609 或 hzh@phei.com.cn。

前　言

随着信息技术的不断发展，高等教育的计算机教学一直在接受各种挑战。Python 语言作为一门新兴的语言，由于其功能丰富、表达能力强、使用灵活方便、应用面广、目标程序效率高、可移植性好等许多特点，受到用户的广泛关注和欢迎。因此，很多高校陆续开设了 Python 语言程序设计课程。

本书按照满足初学者对 Python 语言的需求而编写，具有以下特点。

（1）精选例题，引入了大量趣味性、实用性强的应用实例，注重加强程序阅读、编写和上机调试实践的能力，重点关注编程思路的培养与训练。

（2）从实际操作出发，发现问题，解决问题，举一反三，一题多解，增强实用能力。

（3）基本知识、典型例题、实例应用、适量习题等多种方式相结合，帮助读者扎实掌握相关知识点。

全书内容共分两个部分 12 章，具体如下。

基础部分，共 7 章。

第 1 章　Python 语言概述，主要概括介绍 Python 语言及其相关知识。

第 2 章　Python 程序设计基础，主要介绍 Python 语言程序设计的编程基础、编程风格、基本输入/输出功能，以及 turtle 绘图等相关内容。

第 3 章　基本数据类型与表达式，主要介绍 Python 语言的基本数据类型、数据运算符和表达式、字符串处理函数及方法、字符串格式化方法等相关内容。

第 4 章　程序的基本控制结构，主要介绍 Python 中的控制语句，如选择语句、循环语句及循环控制语句等相关内容。

第 5 章　组合数据类型，主要介绍 Python 中的列表、元组、集合与字典等相关内容。

第 6 章　函数，主要介绍 Python 函数的创建与使用等相关内容。

第 7 章　文件操作，主要介绍文件的基本概念、文件的建立与基本操作等相关内容。

提高与实践部分，共 5 章。

第 8 章　面向对象程序设计，主要介绍 Python 语言面向对象程序设计相关的基本概念、类的声明、对象的创建与使用等相关内容。

第 9 章　错误和异常处理，主要介绍异常的概念与基本使用等相关内容。

第 10 章　Python 科学计算与数据分析开发基础，主要介绍 3 个 Python 科学计算类库——NumPy、Pandas、Matplotlib。

第 11 章　网络爬虫入门与应用，主要介绍 Python 网络爬虫开发与应用等相关内容。

第 12 章　图形用户界面设计，主要介绍图形用户界面的开发，tkinter GUI 的编程。

参与本书编写工作的有马杨珲、张银南、马伟锋、朱梅、楼宋江、龚婷、岑跃峰、张宇来、庄儿、孙丽慧等。本书由马杨珲、张银南负责统稿。

在本书的编写过程中，得到了浙江科技学院信息学院的帮助和支持，在此表示衷心的感谢。

本书在编写过程中还得到了罗朝盛教授的指导和帮助，使编者获益良多，谨此表示衷心的感谢。

本书虽经多次讨论并反复修改，但由于作者水平有限，不当之处在所难免，敬请广大读者与专家批评指正。

编者

2020 年 8 月

目　录

第1章　Python 语言概述

本章学习要求

➢ 理解程序设计的基本概念

➢ 了解 Python 语言的特点和应用领域

➢ 掌握 Python 开发环境的搭建

➢ 掌握 Python 程序的运行方式

➢ 掌握使用 IDLE 编写和执行 Python 源文件程序

➢ 了解在线帮助和相关资源

 ## 1.1　计算机程序设计概述

1.1.1　程序与程序设计语言

计算机系统由硬件系统和软件系统两大部分组成。硬件是物质基础，而软件（程序）可以说是计算机的灵魂，没有软件的计算机只是一台"裸机"，什么也不能干，有了软件，才能灵动起来，成为一台真正的"电脑"。所有的软件，都是用计算机语言编写的。

1. 程序

什么是程序？广义地讲，程序就是为完成某一任务而制定的一组操作步骤。按该操作步骤执行，就完成程序所规定的任务。譬如，要完成一个评选"优秀团员"的任务，可以为该任务设计程序：第1步，发通知让同学申报或同学推荐；第2步，召开评审会议；第3步，将申报或同学推荐候选人材料交评委评阅，并投票评选出"优秀团员"。显然上面程序所规定的3个操作步骤，任何人看了都能按照程序规定的步骤完成该任务。因为这段程序是用自然语言书写的，任务执行者是人。同样，计算机能完成各种数据处理任务，我们可以设计计算机程序，即规定一组操作步骤，使计算机按该操作步骤执行，完成某个数据处理任务。但是迄今为止，在为计算机设计程序时，尚不能用自然语言来描述操作步骤，必须用特定的计算机语言描述。用计算机语言设计的程序，即为计算机程序。

2. 程序设计语言

人和计算机交流信息使用的语言称为计算机语言或称程序设计语言。计算机程序设计语言的发展经历了从机器语言（Machine Language）、汇编语言（Assemble Language）到高级语言（High Level Language）的历程。

（1）机器语言

计算机能直接识别和执行的语言是机器语言，机器语言以二进制数表示，即以"0"和"1"的不同编码组合来表示不同指令的操作码和地址码，它是第 1 代计算机语言。用机器语言编写的程序称为计算机机器语言程序，这种程序不便于记忆、阅读和书写。但由于使用的是针对特定型号计算机的语言，故而运算效率是所有语言中最高的。

（2）汇编语言

为了克服使用机器语言编程的难记、难读等缺点，人们进行了一种有益的改进，用一些简洁的英文字母、符号串（称为助记符）来替代一个特定的二进制串指令，比如，用"ADD"代表加法指令，"MOV"代表数据传送指令等，这样就很容易读懂和理解程序在干什么，程序维护也就变得方便了，这种程序设计语言称为汇编语言。

汇编语言属于第 2 代计算机程序语言。汇编语言适用于编写直接控制机器操作的低层程序，它与机器密切相关，移植性不好，但效率仍十分高。针对计算机特定硬件而编制的汇编语言程序，能准确发挥计算机硬件的功能和特长，程序具有占用内存空间少、执行速度快等特点，所以至今仍是一种常用而强有力的软件开发工具。当然，对于算法的描述，汇编语言程序不如高级语言直观。

汇编语言和机器语言都是面向机器的程序设计语言，一般称为低级语言。

（3）高级语言

高级语言是一种与硬件结构及指令系统无关，表达方式比较接近自然语言和数学表达式的一种计算机程序设计语言。其优点是：描述问题能力强，通用性、可读性、可维护性都较好。其缺点是：执行速度较慢，编制访问硬件资源的系统软件较难。

目前在计算机中广泛使用的高级语言有几十种，影响较大、使用较普遍的有 C、Java、C++、C#、Python、FORTRAN、Basic 等。

3. 程序的执行

用汇编语言和高级语言编写的程序称为"源程序"，计算机不能直接识别和执行。要把源程序翻译成机器指令，才能执行。

（1）汇编程序的执行

用汇编语言编写的程序必须由"汇编程序"（或汇编系统）将这些符号翻译成二进制数的机器语言才能运行。这种"汇编程序"就是汇编语言的翻译程序。汇编语言程序的执行过程如图 1-1 所示。

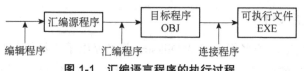

图 1-1　汇编语言程序的执行过程

（2）高级语言程序的执行

用高级语言编写的程序通常有编译和解释两种执行方式。

编译执行过程是将源程序整个编译成等价的、独立的目标程序，然后通过连接程序将目标程序连接成可执行程序，运行执行文件输出结果。其执行过程如图 1-2 所示。

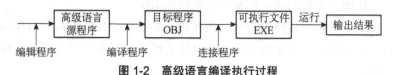

图 1-2　高级语言编译执行过程

解释执行过程是将源程序逐句翻译，翻译一句执行一句，边翻译边执行，不产生目标程序。整个执行过程，解释程序都一直在内存中。解释方式执行过程如图 1-3 所示。

图 1-3　高级语言解释方式执行过程

目前，高级语言基本提供了集成开发环境，它集源程序编辑、编译（解释）、执行为一体，非常方便用户使用，如 Visual C++、C#、Python、Java 等。

1.1.2　程序设计方法概述

程序设计是一门技术，需要相应的理论、技术、方法和工具来支持。就程序设计方法和技术的发展而言，可以划分以下 3 个阶段。

1．早期的程序设计

计算机发展的初期，由于 CPU 运行速度慢、内存容量小，因此衡量程序质量优劣的标准是占用内存的大小和运行时间的长短，这就导致了程序设计人员不得不把大量的精力耗费在程序设计技巧上。反映在程序结构上，对程序的流程没有严格的限制，程序员可以随心所欲地令流程转来转去，程序流程变得毫无规律，读者要花费很大的精力去追踪流程，使得程序很难修改和维护。

传统方法开发软件时间长、成本高、可靠性低、难以修改和维护等问题日益突出，这就出现了当时的"软件危机"。软件危机引起了人们的高度重视，不少计算机专家着手研究探讨产生软件危机的原因并探索解决软件危机的途径。于是，出现了对软件工程、软件管理、软件可靠性及程序设计方法（设计、编制、调试及维护程序的方法）等问题的研究。

2. 结构化程序设计

20 世纪 60 年代末，著名学者 E.W.Dijkstra 首先提出了"结构化程序设计（Structured Programming，SP）"的思想。这种方法要求程序设计者按照一定的结构形式来设计和编写程序，使程序易阅读、易理解、易修改和易维护。这个结构形式主要包括两方面的内容。

①在程序设计中，采用自顶向下、逐步细化的原则。按照这个原则，整个程序设计过程应分成若干层次，逐步加以解决。每一步是在前一步的基础上，对前一步设计的细化。这样，一个较复杂的大问题，就被层层分解成为多个相对独立的、易于解决的小模块，有利于程序设计工作的分工和组织，也便于开展调试工作。

②在程序设计中，编写程序的控制结构仅由 3 种基本的控制结构（顺序结构、选择结构和循环结构，它们的算法表示将在第 4 章介绍）组成，避免使用可能造成程序结构混乱的 goto 转向语句。

结构化程序设计技术虽已使用了几十年，但软件质量的问题仍未得到很好的解决。这是因为面向过程的程序设计方法仍然存在与人的思维方式不协调的地方，所以很难自然、准确地反映真实世界，因而用此方法开发出来的软件的质量还是很难保证的，甚至需要进行重新开发。另外，该方法在实现中只突出了实现功能的操作方法（模块），而被操作的数据（变量）处于实现功能的从属地位，即程序模块和数据结构是松散地结合在一起的。因此，当应用程序比较复杂时，容易出错，难以维护。

为适应现代化软件开发的需要，一种全新的软件开发技术应运而生，这就是面向对象的程序设计（Object Oriented Programming，OOP）。

3. 面向对象的程序设计

面向对象的程序设计在 20 世纪 80 年代初就提出了，它起源于 Smalltalk 语言。用面向对象的方法解决问题，不再将问题分解为过程，而是将问题分解为对象。对象是现实世界中可以独立存在、可以被区分的实体，也可以是一些概念上的实体，现实世界是由众多对象组成的。对象有自己的数据（属性），也包括作用于数据的操作（方法），对象将自己的属性和方法封装成一个整体，供程序设计者使用。对象之间的相互作用通过消息传送来实现。这种"对象＋消息"的面向对象的程序设计模式将取代"数据＋算法"的面向过程的程序设计模式。

但要注意到，面向对象的程序设计并不是要抛弃结构化程序设计方法，而是要"站"在比结构化程序设计更高、更抽象的层次上去解决问题。当它被分解为低级代码模块时，仍需要结构化编程的方法和技巧，只是它分解一个大问题为小问题时采取的思路与结构化方法是不同的。结构化的分解突出过程，强调的是如何做（How to do?），代码的功能如何完成；面向对象的分解突出现实世界和抽象的对象，强调的是做什么（What to do?），它将大量的工作交由相应的对象来完成，程序员在应用程序中只需说明要求对象完成的任务。

目前，常用的面向对象的程序设计语言（编译环境）有 Visual C++、Java、Python、Visual FoxPro、Visual Basic、Delphi、Visual FORTRAN 等。它们虽然风格各异，但都有共同的概念和编程模式。

1.2　Python 简介

Python 语言是一种功能强大的跨平台面向对象的程序设计语言，是目前应用最为广泛的计算机语言之一，具有简单易学、面向对象、跨平台、交互解释、模块库丰富、应用广泛等特点，拥有大量的第三方库，可以高效地开发各种应用程序。

1.2.1　Python 语言的发展

Python 语言是 1989 年由荷兰人 Guido van Rossum（见图 1-4）开发的一种编程语言。经过 30 多年的发展，Python 已经渗透应用到各行各业。

Python 的目标是成为功能全面、易学易用、可拓展的语言。第一个 Python 的公开版本在 1991 年发布。目前，存在 Python 2.x 和 Python 3.x 两个不同系列的版本，彼此之间不兼容。Python 3 在设计时，没有考虑向下兼容。

Python 2.x 的最高版本是 Python 2.7，Python 3.x 的目前最高版本是 Python 3.8。

图 1-4　Python 的发明者 Guido

1.2.2　Python 语言的特点

Python 是目前最流行且发展最迅速的计算机语言，它具有如下几个特点。

①简单，易学。Python 是体现极简主义思想的计算机语言，语法简单，使用方便。开发时需要录入的代码量也相对少很多，因此在调试、维护时也更容易。Python 高度重视程序的可读性、一致性，提高了开发效率。

②通用编程语言。Python 可以用于编写各种领域的应用程序，从科学计算、数据处理到人工智能、机器人、区块链，Python 语言都能够发挥重要作用。

③Python 是解释型语言。Python 语言是采用解释执行方式的现代动态语言，其解释器保留了编译器的部分功能。随着程序运行，解释器也会生成一个完整的目标代码，从而提升了计算机性能。

Python 作为一种脚本语言，较早应用在软件测试中。

④开源，拥有众多的开发群体。Python 语言是开源项目的优秀代表，其解释器的全部代码都是开放的，任何计算机高手都可以为不断推动 Python 语言的发展做出贡献。世界各地的程序员通过开源社区贡献了十几万个第三方函数库，覆盖了计算机技术的各个领域。

⑤良好的跨平台性和可移植性。Python 的开源本质使其程序很容易移植到许多平台中运行。大多数的 Python 程序在不同平台上运行时，都不需要做任何改变。

⑥面向对象。Python 具有很强的面向对象特性，而且简化了面向对象的实现。它消除了保护类型、抽象类、接口等面向对象的元素。Python 支持面向对象程序设计，使得代码的可重用性、可维护性更高。

⑦Python 是强类型语言，变量创建后会对应一种数据类型，出现在统一表达式中的不同类型的变量需要做类型转换。

⑧可扩展性和丰富的第三方库。Python 提供了强大的标准库支持，支持一系列复杂的编程任务。在网站开发、数值计算等各个方面都内置了强大的标准库。

1.2.3　Python 语言的应用方向

Python 的应用范围覆盖了常规软件开发、操作系统管理、科学计算、Web 应用、图形用户界面（GUI）开发、游戏开发等方面。

（1）常规软件开发

Python 支持函数式编程和 OOP 面向对象编程，能够承担任何种类软件的开发工作，因此常规的软件开发、脚本编写、网络编程等都属于标配能力。

（2）Web 应用

基于 Python 的 Web 开发框架很多，如 Django、Tornado、Flask。其中的 Python+Django 架构，应用范围非常广，开发速度非常快，学习门槛也很低，能够帮助你快速地搭建起可用的 Web 服务。谷歌爬虫、Google 广告、世界上最大的视频网站 YouTube、豆瓣、知乎等都使用 Python 开发。

（3）科学计算

随着 NumPy、SciPy、Matplotlib 及 Enthoughtlibrarys 等众多程序库的开发，Python 拥有更多的程序库的支持，越来越适合于做科学计算、绘制高质量的 2D 和 3D 图像。

例如，美国航天局（NASA）使用 Python 进行数据分析和运算。

（4）数据分析

在大量数据的基础上，结合科学计算、机器学习等技术，对数据进行清洗、去重、规格化和针对性的分析是大数据行业的基石。Python 是数据分析的主流语言之一。

（5）人工智能

Python 在人工智能大范畴领域内的机器学习、神经网络、深度学习等方面都是主流的编程语言，得到广泛的支持和应用。

（6）GUI 编程

提供 PIL、tkinter、wxPython 等图形库，可以简单、快捷地实现 GUI（图形用户界面）程序。

（7）网络爬虫

网络爬虫也称网络蜘蛛，是大数据行业获取数据的核心工具。Python 是主流的编程语言之一，其中 Scrapy 爬虫框架应用非常广泛。

（8）云计算

开源云计算解决方案 OpenStack 就是基于 Python 开发的，是一个开源的云计算管理平台项目。

（9）系统运维

作为运维工程师首选的编程语言，Python 在自动化运维方面已经深入人心，Python 能够访问 Windows API。如 Saltstack 和 Ansible 都是大名鼎鼎的自动化平台。

 # 1.3　Python 开发环境

Python 是跨平台的，可以运行于 Windows、Mac 和各种 UNIX 系统。

Python 开发环境除了官方安装包自带的 IDLE，还有 Anaconda、PyCharm、Eclipse + Pydev 插件、Visual Studio + Python Tools for Visual Studio、PythonWin 等。

> 提示：考虑到 Windows 系统的使用者众多和 Python 开发团队对 Python3.X 的支持，本书所有程序均基于 Windows 平台下的 Python3.X 版本。

1.3.1　下载 Python 安装程序

在安装 Python 前，首先请到 Python 的官网（网址为 https: //www.python.org/downloads/）下载 Windows 操作系统应用的版本，如图 1-5 所示。

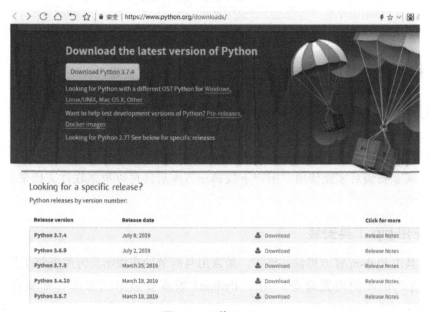

图 1-5　下载 Python

这里下载 python-3.7.2-amd64.exe 为例。

> 注意：一台计算机的计算环境是固定的，程序运行是不可能超越这个环境的。例如，不能在 32 位 Windows 系统中安装 64 位的 Python 语言，反之亦然。

1.3.2　安装 Python

Python 安装过程如下：

（1）双击 python-3.7.2-amd64.exe 文件。

（2）选中"Add Python 3.7 to PATH"复选框，将 Python 的可执行文件路径添加到 Windows 操作系统的环境变量 Path 中，然后单击"Install Now"开始安装，如图 1-6 所示。

图 1-6　设置安装选项

（3）程序自动安装，在最后单击"Close"按钮，完成安装。

1.3.3　安装和管理 Python 的第三方库

math 库、random 库、datatime 等 Python 的标准库，用户可以随时使用。第三方库（扩展库）需要安装后才能使用。用户下载第三方库后，可以根据软件文档来安装或使用 pip 工具安装。

1. 使用 pip 工具安装

pip 工具由 Python 官方提供并维护，是常用且高效的在线第三方库安装工具。

pip3 是 Python 的内置命令，用于 Python3 版本安装第三方库，需要在命令行下执行。示例：安装 NumPy 包：

```
python –m pip install NumPy
```

2. 在 PyPI 页面搜索和安装 Python 第三方库（模块）

我们可以在 PyPI 页面搜索和安装 Python 第三方库，如图 1-7 所示。

图 1-7　PyPI 页面

3. Python 常见的第三方库

Python 常见的第三方库，如表 1-1 所示。

表 1-1　Python 常见的第三方库

库　名	用　途	库　名	用　途
NumPy	矩阵运算、矢量处理、线性代数等	Sklearn	机器学习和数据挖掘
Matplotlib	2D&3D 绘图库、数学运算、绘制图表	pyinstaller	Python 源文件打包
PIL	通用的图像处理库	Django	支持快速开发的 Web 框架
requests	网页内容抓取	Scrapy	网页爬虫框架
jieba	中文分词	Flask	轻量级 Web 开发框架
bs4	HTML 和 XML 解析	SciPy	科学计算库
Wheel	Python 文件打包	Pandas	高效数据分析

提示：利用 pip list 命令可以查看已安装的第三方扩展库。

 # 1.4　运行 Python 程序

1.4.1　Python 程序的运行原理和运行方式

1. 运行原理

Python 是一种脚本语言。Python 除了可以解释执行源码，还支持伪编译为字节码以提高加载速度。Python 代码源文件的扩展名通常为.py，生成的字节码文件扩展名为.pyc。PVM 逐条将字节码翻译成机器指令执行。

Python 也支持使用 py2exe、pyinstaller 等其他工具将 Python 程序及其所有依赖库打包成为各种平台上的可执行文件。

2. 运行方式

Python 程序可以在交互模式和脚本方式下运行。

①交互模式。在程序功能简单、代码较少的情况下，可以使用交互模式开发 Python 程序。

②脚本模式。具有复杂功能的 Python 代码量较大，一般可以使用脚本模式运行。

> 提示：本书中凡是出现">>>"的，表示代码以交互模式运行，不带该提示符的代码则表示以脚本模式（文件方式）运行。

Python 安装完成后，可以使用 Python 自带的开发工具开发 Python 程序，有两种方式：Windows 命令行方式；IDLE 方式。下面分别进行介绍。

1.4.2　Windows 命令行方式

1. 交互模式编程

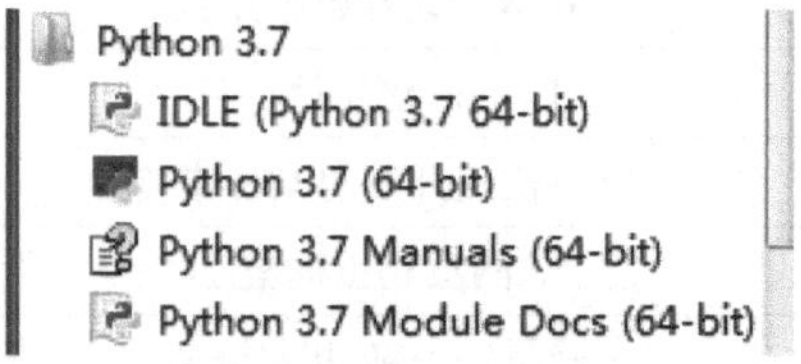

Python 3.7
  IDLE (Python 3.7 64-bit)
  Python 3.7 (64-bit)
  Python 3.7 Manuals (64-bit)
  Python 3.7 Module Docs (64-bit)

图 1-8　选择 Python 3.7 (64-bit) Python

方式 1：选择"开始"→"所有程序"→"Python 3.7"→"Python 3.7 (64-bit)"，如图 1-8 所示。

方式 2：选择"开始"→"运行"，输入并运行 cmd 命令，进入 Windows 命令行界面，输入 Python，进入 Python 运行环境。

【例 1-1】输出 Hello world!

Python 解释器的提示符为：>>>。输入 Python 语句 print('Hello,World!')并执行，得到运行结果，如图 1-9 所示。

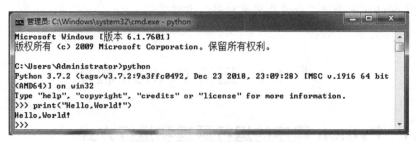

图 1-9　Python 命令的运行结果

输入 exit()，并按回车键退出 Python 运行环境。

2. 脚本模式编程

脚本模式编程需要先编写 Python 源程序，再在 Windows 命令行下使用 Python 解释器执行。

【例 1-2】输出 Hello world!

具体步骤如下。

①使用记事本编写 Python 源文件。

```
#lt1-2-Hello.py
print('Hello，World！')
```

②保存程序代码，文件名为 lt1-2-Hello.py。

③使用 python.exe 执行指定路径下的 Python 源程序。运行结果，如图 1-10 所示。

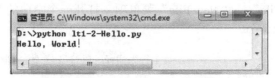

图 1-10　Python 源程序运行结果

1.4.3　IDLE 方式

Python 开发包自带的编辑器 IDLE 是一个集成开发环境，是 Python 官方内置的一个简单小巧的 IDE。

选择"开始"→"所有应用"→"Python 3.7"→"IDLE (Python 3.7 64-bit)"，启动后的工作界面，如图 1-11 所示。

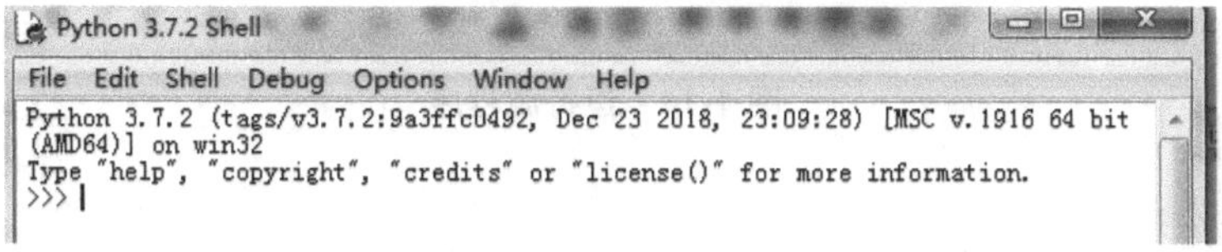

图 1-11　IDLE 工作界面

1. 交互模式编程

在 IDLE 中以交互模式开发 Python 程序和 Windows 命令行方法类似。

【例 1-3】使用集成开发环境 IDLE 解释执行 Python 语句 print("Hello, Python welcome you!")，运行结果如图 1-12 所示。

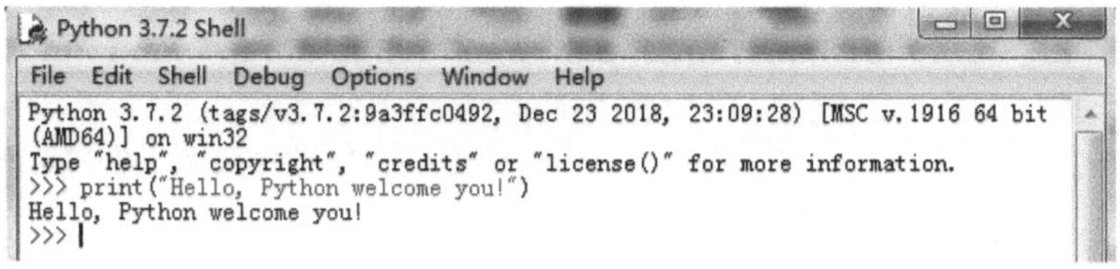

图 1-12　Python 命令运行结果

【例 1-4】运行表达式，如图 1-13 所示。

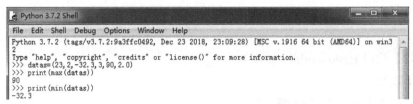

图 1-13   Python 命令运行结果

2. 脚本模式编程

使用 IDLE 编写和执行 Python 源文件程序，具体步骤如下。

【例 1-5】使用 IDLE 编辑 welcome.py 程序

①新建：选择"File"→"New File"菜单项，打开一个空白的源代码编辑窗口。

②编辑：输入程序代码。

```
#lt1-5-welcome.py                    #第 1 行为注释。以符号#开始，到行尾结束
str="欢迎来到 Python 世界！"
print("str",str)
```

③保存：选择"File"→"Save As"菜单项，选择保存路径，文件命名为 lt1-5-welcome.py。

④运行：选择"Run"→"Run Module"菜单项，执行程序，如图 1-14 所示。

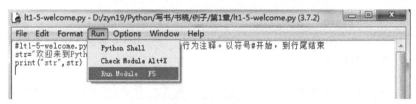

图 1-14   运行源程序

运行结果为：

```
str:欢迎来到 Python 世界！
```

【例 1-6】运行程序 lt1-6-datas.py。

```
#lt1-16-datas.py
datas=(23,2,-32.3,3,90,2.0)
print(max(datas))
print(min(datas))
```

运行结果为：

```
90
-32.3
```

1.5 在线帮助和相关资源

1. Python 交互式帮助系统

直接输入 help()可进入交互式帮助系统。输入 help(object)可获取关于 object 对象的帮助信息。

```
>>>help()              #进入 Python 的帮助系统
help> keywords         #查看关键字列表
help> break            #查看"break"关键字说明
help> quit             #退出帮助系统
```

2. Python 文档

Python 语言及标准模块的详细参考信息可参见 Python 文档。

选择"开始"→"所有程序"→"Python 3.7"→"Python 3.7 Manuals (64-bit)",就可以打开 Python 文档。

3. Python 官网

Python 官网,网址为:https://www.python.org/。

Python 扩展库索引,网址为:https://pypi.python.org/。

 ## 小 结

通过本章的学习,读者应对计算机语言及程序设计的概念、Python 语言程序的组成特点、Python 语言程序的运行过程有一个初步了解。Python 程序有交互方式和文件方式两种执行方式。典型的程序设计模式是 IPO 模式。

程序设计是一门实践性很强的课程,学习 Python 语言程序设计的一个重要环节就是要既动手又动脑地做实验。对 Python 语言程序设计初学者而言,除了学习、熟记 Python 语言的一些语法规则,更重要的是多阅读别人编写的程序,多自己动手编写一些小程序,多上机调试运行程序。初学程序设计的一般规律是:先模仿,在模仿的基础上加以改进,在改进的基础上得以提高;做到善于思考,边学边练。做到这几点,学习好 Python 语言程序设计就不难了。衷心地希望每一位学习 Python 语言程序设计的人,都能从程序设计实验中获得收获,获得快乐。

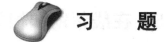 习 题

一、思考题

1．计算机高级语言编写的程序为什么不能直接被计算机执行？程序的编译执行与解释执行的区别是什么？

2．Python 语言程序的结构特点是什么？

3．Python 语言中的标识符有什么规定？程序可以使用预定义标识符作变量或自定义函数名吗？如果使用会造成语法错误吗？

4．如何运行一个 Python 语言程序？

二、判断题

1．Python 是一门跨平台、开源、免费的高级动态编程语言。 （　　）

2．python 3.x 完全兼容 Python 2.x。 （　　）

3．机器语言、汇编语言、高级语言都是计算机语言，但只有机器语言编写的程序才是计算机可以直接执行的程序。 （　　）

4．高级语言程序的执行效率比汇编语言程序高。 （　　）

5．在高级语言源程序翻译时，解释方式与编译方式一样，都生成可执行文件。

（　　）

6．Python 既可以在 Shell 中运行执行，也可以存储为以.py 为扩展名的文本文件用 Python 解释器执行。 （　　）

三、填空题

1．Python 程序一般使用两种运行方式，分别是_____、_____。

2．Python 安装扩展库常用的工具是_____。

四、选择题

1．下列选项中不属于 Python 特点的是（　　　）。

A．简单、易学　　　　　　　　　B．面向对象

C．可移植性好　　　　　　　　　D．低级语言

2．下列不是 Python 常用文件类型的是（　　　）。

A．.java　　　　　　　　　　　　B．.py

C．.pyc　　　　　　　　　　　　D．.pyw

3．在一行上写多条语句时，每个语句之间用（　　　）符号分隔。

A．,　　　　　　　　　　　　　　B．\

C．;　　　　　　　　　　　　　　D．&

五、编程题

1．仿照例 1-5 编写程序输出如下形式的信息：

```
========================================
Hello!
How do you do!
========================================
```

2．查阅 Python 的帮助文档，查找其中的"Sequence Types"类型，试使用其中的函数计算一组数中的最大值和最小值。

第 2 章 Python 程序设计基础

本章学习要求

➢ 熟悉 Python 程序编写方法

➢ 了解 Python 对象和引用

➢ 掌握标识符及其命名规则

➢ 掌握变量和赋值语句

➢ 了解 Python 的编码规范

➢ 掌握基本输入/输出的方法

➢ 了解 turtle 模块的基本用法

 ## 2.1 Python 程序概述

2.1.1 引例

首先，看一个例子。

【例 2-1】已知三角形的三条边，求三角形的面积。提示：假设三条边长分别为 a、b 和 c*，则三角形的面积 s=$\sqrt{x(x-a)(x-b)(x-c)}$，其中 x 为三角形周长的一半 $x = \frac{1}{2}(a+b+c)$。

```
#lt2-1-area.py
import math
a = 3.0
b = 4.0
c = 5.0
x = (a + b + c)/2              #x 为三角形周长的一半
s = math.sqrt(x*(x-a)*(x-b)*(x-c))   #s 为三角形的面积
print(s)
```

---

* 注：为了便于阅读，本书中正文和代码的字母或变量全为正体。

运行后的显示结果为：

```
6.0
```

2.1.2 Python 程序的构成

Python 程序的结构可以分解为模块、语句、表达式和对象。下面解释一下程序的结构。

①Python 程序由模块组成，模块对应扩展名为.py 的源文件。一个 Python 程序由一个或多个模块组成。例 2-1 程序由模块 lt2-1-area.py 和内置模块 math 组成。

②模块由语句组成。模块即 Python 源程序。在例 2-1 程序中，语句"import math"是导入模块语句，print(s)是调用函数语句，其余的是赋值语句。

③语句是 Python 程序的过程构造块，用于创建对象、变量赋值、调用函数、控制分支、构建循环、注释等。语句包含表达式。#用于引导注释语句。

④表达式用于创建和处理对象。例如，表达式 x*(x-a)*(x-b)*(x-c)的运算结果为一个新的 float 对象。

 ## 2.2 Python 对象和引用

2.2.1 Python 对象概述

Python 语言的对象是所有数据的抽象。每个对象由标识（identity）、类型（type）和值（value）组成。

①标识（identity）用于唯一标识一个对象，通常对应对象在计算机内存中的位置。例如，使用内置函数 id(obj)可返回对象 obj 的标识。

②类型（type）用于表示对象所属的数据类型（类），数据类型（类）用于限定对象的取值范围，以及允许执行的处理操作。例如，使用内置函数 type(obj)可以返回对象 obj 所属的数据类型。

③值（value）用于表示对象的数据类型的值。例如，使用内置函数 print(obj)可返回对象 obj 的值。

【例 2-2】使用内置函数 id()、type()和 print()查看对象。

```
>>>123                #输出：123
>>> id(123)           #输出：8791315313296
>>> type(123)         #输出：<class 'int'>
>>> print(123)        #输出：123
```

2.2.2 Python 常用内置对象

Python 常用内置对象如表 2-1 所示。

表 2-1　Python 常用内置对象

对象类型	类型名称	示例	简要说明
数字	int float complex	12345 3.4 3+4j	基本数据类型，且内置支持复数及其运算
字符串	str	'I am a student'	使用单引号、双引号、三引号（三单引号、双引号）
列表	list	[1,2,3]	所有元素放在一对方括号中，元素之间用逗号分隔
元组	tuple	(1,2,3)	所有元素放在一对圆括号中，元素之间用逗号分隔
字典	dict	{1:'apple',2:'banana', 3:'pear'}	所有元素放在一对大括号中，元素之间用逗号分隔，元素形式为"键：值"
集合	set	{'a','b','c'}	所有元素放在一对大括号中，元素之间用逗号分隔，元素不允许重复
布尔型	bool	True, False	逻辑值
空类型	NoneType	None	空值
异常	Exception ValueError …		Python 内置异常类
文件		f=open('data.txt','r')	Python 内置函数
其他 可迭代对象		生成器对象、range 对象、 zip 对象、map 对象等	
编程单元		函数（使用 def 定义） 类（使用 class 定义） 模块（类型为 module）	

提示：具体在后面第 3 章、第 5 章等章节中介绍。

2.2.3　数据类型

Python 数据类型定义为一个值的集合及定义在这个值集上的一组运算操作。

每个对象存储一个值。例如，int 类型的对象可以存储值 1234、99 或 1333。

一个对象上可执行且只允许执行其对应数据类型定义的操作。两个 int 对象可执行乘法运算，但两个 str 对象则不允许执行乘法运算。

1．基本数据类型与组合数据类型

基本数据类型也称简单数据类型，这些类型的数据是不能再分解的。Python 中的基本数据类型包括整型、浮点型、布尔类型等，这类数据具有明确的数据范围和相应的运算模式（详见第 3 章）。

在这些数据类型的基础上，可以创建其他的数据类型（又称组合数据类型）。例如，列表、元组、集合、字典等，均是由若干元素合成的（详见第 5 章）。

2. 不可变数据类型与可变数据类型

在了解数据类型和构成后，还需要知道数据类型是不是可变的。Python 中的不可变数据类型是不允许元素的值发生变化的，可变数据类型则会允许元素的值发生变化，即若对此类变量进行像 append、+、+=等修改操作，系统均会正常运行。

在 Python 中，可变数据类型包括整型、浮点型、布尔类型、列表和字典；不可变数据类型包括字符串型、元组等。

2.2.4　变量和对象的引用

Python 对象是位于计算机内存中的一个内存数据块。为了引用对象，必须通过赋值语句，把对象赋值给变量（也称把对象绑定到变量）。

Python 是动态类型语言，即变量不需要显式声明数据类型。根据变量的赋值，Python 解释器自动确定其数据类型。

通过标识符和赋值运算符（=），可以指定某个变量指向某个对象，即引用该对象。

```
>>>a=1        #变量 a 的值为 1
>>>b=2        #变量 b 的值为 2
>>>c=a+b
```

2.3　标识符及其命名规则

在 Python 语言中，包、模块、类、函数、变量等的名称必须为有效的标识符。

2.3.1　标识符

标识符用来识别变量、函数、类、模块及对象的名称。Python 的标识符可以包含英文字母（A～Z、a～z）、数字（0～9）、下划线符号（_）及大多数非英文语言的字符（如中文字符）。在自定义标识符时，有以下几个方面的限制。

①标识符的第 1 个字符不能是数字，并且变量名称之间不能有空格。

②在命名时，应尽量做到"见名知意"，以提高程序的可读性。例如，用 salary 和 pay 表示工资。

③Python 的标识符有大小写之分，如 Data 与 data 是不同的标识符。

④保留字不可以当作标识符。保留字也叫关键字，不能把它们用作任何标识符名称。例如，if、for、in 等。

⑤避免使用预定义标识符作为自定义标识符。例如，int、float、list、tuple 等。

⑥以双下划线开始和结束的名称通常具有特殊的含义。例如，＿＿init＿＿为类的构造函数，一般应避免使用。

2.3.2　保留关键字

关键字是在 Python 中具有特定意义的字符串，通常也称保留字，即系统已经进行定义并约束其使用范围，所以用户自定义标识符不能与关键字相同。

Python 的关键字如表 2-2 所示。

表 2-2　Python 的关键字

and	as	assert	break	class
continue	def	del	elif	else
except	False	finally	for	from
global	if	import	in	is
lambda	nonlocal	not	or	None
pass	raise	return	True	try
while	with	yield		

> 提示：使用 Python 的内置函数 help()可以查看内置函数，如 help(input)。

2.3.3　Python 预定义标识符

Python 语言包含许多内置的类名、对象名、异常名、函数名、方法名、模块名、包名等的预定义名称，例如，float、math、ArithmeticError、print 等。

用户应该避免使用 Python 预定义标识符名作为自定义标识符名。

> 提示：使用 Python 的内置函数 dir(＿＿builtins＿＿)，可以查看所有内置的异常名、函数名等。

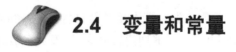

2.4　变量和常量

变量（Variable）是用来标识对象或引用对象的。

2.4.1　变量

1．变量的声明和赋值

在 Python 解释器内可以直接声明变量的名称，不必声明变量的类型，Python 会自动判别变量的类型。例如，声明一个变量 x，其值为 100：

```
>>>x =100
>>>x
100
```

2. 链式赋值语句

链式赋值语句用于为多个变量赋值同一个值。

【例 2-3】链式赋值语句示例。

Python 允许用户同时为多个变量赋值。例如：

```
>>>a =b =c =100        #三个变量的值都为 100
>>>print(a,b,c)
100 100 100
```

3. 系列解包赋值

将系列数据类型解包为对应相同个数的变量。

```
a, b, c =1, 2, "john"  #分别为三个变量赋值
```

【例 2-4】使用系列解包实现变量交换。

```
>>> a,b = (1,2)            #变量 a,b
>>> a,b = b,a             #a,b 交换
>>> a                     #输出：2
>>> b                     #输出：1
```

2.4.2 常量

常量是内存中用于保存固定值的单元，在程序中常量的值不会发生改变。Python 中没有命名常量。Python 常量包括数字、字符串、布尔值、空值。例如：

```
2019    3.14    "ZUST"    TRUE
```

Python 语言约定，声明在程序运行过程中不会改变的变量为常量，通常使用全大写字母（可以使用下划线增加可阅读性）表示常量名。

在编程过程中，经常将一些关键的数据设置成常量，这样做可以提高程序的可读性，而且对程序设计的扩充与修改也是十分方便的。

 ## 2.5 表达式和运算符

2.5.1 表达式的组成

表达式由操作数和运算符组成，操作数、运算符和圆括号按一定规则组成表达式。运算符的优先级控制各个运算符的计算顺序。

【例 2-5】表达式示例。

```
>>>import math
>>> a=2 ;b=3
>>>a+b
>>>math.pi
math.sin(math.pi/2)
```

2.5.2　表达式的书写规则

表达式的书写规则介绍如下。

①表达式从左到右书写。例如，数学公式 a^2+b^2 应该写为 a**2+b**2。

②乘号不能省略，例如，数学公式 ab（表示 a 乘 b）应写为：a*b。

③圆括号可用于修改表达式计算顺序，或者增加代码可读性以避免歧义。圆括号必须成对出现，可以嵌套使用。例如，并联电阻的计算公式 $\dfrac{R_1R_2}{R_1+R_2}$ 对应的表达式是 R1*R2/(R1+R2)。

2.5.3　运算符

Python 语言支持的运算符包括算术运算符、比较运算符、赋值运算符、逻辑运算符、位运算符、成员运算符和身份运算符。

提示：在第 3 章做详细介绍。
注意：Python 运算符及其优先级。

2.6　语句

2.6.1　Python 语句

语句是 Python 程序的过程构造块，用于定义函数、定义类、创建对象、变量赋值、调用函数、控制分支、创建循环等。

Python 语句分为简单语句和复合语句。

①简单语句包括表达式语句、赋值语句、assert 语句、pass 空语句、del 语句、return 语句、yield 语句、raise 语句、break 语句、continue 语句、import 语句、global 语句、nonlocal 语句等。

②复合语句包括 if 语句、while 语句、for 语句、try 语句、with 语句、函数定义、类定义等。

2.6.2 Python 语句的书写规则

程序结构要简单易读，使用标准语句模式。Python 语句的书写规则如下。

①Python 中的缩进要求非常严格，必须严格对齐。因为 Python 的代码块不由{}控制，而是由缩进控制的。复合语句构造体必须缩进。

②使用换行符分隔，一般情况下，一行一条语句。

③反斜杠（\）用于一个代码跨越多行的情况。如果语句确实太长而超过屏幕宽度，最好在行尾使用续行符（\）表示下一行代码仍属于本条语句。

④分号（;）用于在一行书写多条语句。

⑤适当使用空行分隔语句块、函数、类、模块等对象。

2.6.3 复合语句

复合语句（条件语句、循环语句、函数定义和类定义，如 if、for、while、def、class 等）由头部语句（header line）和构造体语句块（suites）组成。

复合语句及其缩进书写规则如下。

①头部语句由相应的关键字（如 if）开始，构造体语句块则为下一行开始的一行或多行缩进代码。

②通常，复合语句相对头部语句缩进 4 个空格，也可以缩进任意空格，但同一构造体代码块的多条语句缩进的空格数必须一致。如果语句不缩进，或者缩进不一致，则将导致程序出错。

③如果条件语句、循环语句、函数定义和类定义比较短，则可以放在同一行。

2.6.4 注释语句

Python 中的注释有单行注释和多行注释。Python 中单行注释以#开头，到行末结束。多行注释用 3 个单引号（"）或 3 个双引号（"""）将注释括起来。Python 解释器将忽略所有的注释语句，注释语句不会影响程序的执行结果。

 ## 2.7 输入/输出函数

程序运行的时序通常都是输入数据、进行计算和输出结果，这就是简单程序的形式。Python 的内置函数 input()和 print()用于输入和输出数据。下面将讲述这两个函数的使用方法。

2.7.1 输出函数 print()

print()函数可以输出格式化的数据，与 C/C++中的 printf()函数功能和格式相似。

1. 使用 print()函数输出

print()函数的基本语法格式如下：

```
print(value,... ,sep=' ',end='\n')    #此处只说明了部分参数
```

上述参数的含义如下：

①value 是用户要输出的信息，后面的省略号表示可以有多个要输出的信息。

②sep 用于设置多个要输出信息之间的分隔符，其默认的分隔符为一个空格。

③end 是一个 print()函数中所有要输出信息之后添加的符号，默认值为换行符。

示例：

```
>>>print(123,'abc',45,'book',sep='-')
123-abc-45-book
>>>print('100+200=',100+200)
100+200=300
```

2. 使用格式符%对字符串格式化

print()函数格式化输出的一般格式为：

```
print("格式化字符串"%(变量、常量或表达式))
```

其中，格式化字符串中包含一个或多个指定格式参数，与后面括号中的变量、常量或表达式在个数和类型上一一对应。当有多个变量、常量或表达式时，中间用逗号隔开。print()函数格式符及含义，如表 2-3 所示。

表 2-3   print()函数格式符合及含义

符号	意　义	符号	意　义
d 或 i	按十进制整数输出	c	按字符型输出
o	按八进制整数输出	s	按字符串输出
x 或 X	按十六进制整数输出	e 或 E	按科学计数法输出
u	按无符号整数输出	g 或 G	按 e 和 f 格式中较短的一种输出
f	按浮点型小数输出		

【例 2-6】使用 print()函数格式化输出数据。

程序代码及运行结果如下：

```
>>> print('100+200=%d'% (100+200))
100+200=300
>>>x = 100
>>>y = 1.23
>>>print ("x = %d,y = %f " %(x,y))
```

```
x=100,y=1.23
```

2.7.2　输入函数 input()

Python 提供的 input()函数从标准输入中读入一行文本，默认的标准输入是键盘。input()函数的基本语法格式如下：

```
变量=input([prompt])
```

其中，prompt 是可选参数，用来显示用户输入的提示信息字符串。用户输入程序所需要的数据时，就会以字符串的形式返回。

【例 2-7】测试键盘的输入。

```
>>> x= input("请输入最喜欢的水果：")
请输入最喜欢的水果：葡萄
>>> x
'葡萄'
```

上述代码用于提示用户输入水果的名称，然后将名称以字符串的形式返回并保存在 x 变量中，以后可以随时调用这个变量。

> 注意：用户输入的数据全部以字符串形式返回，如果需要输入数值，就必须进行类型转换。

【例 2-8】计算矩形面积。

程序代码如下：

```
#lt2-8-area.py
a=int(input("矩形长度:\t"))          #输入矩形长度
b=int(input("矩形宽度:\t"))          #输入矩形宽度
area=a*b                            #计算矩形面积
print("矩形面积:\t",area)            #输出结果
```

程序运行时输入矩形的长度和宽度分别是 5 和 6，则运行结果如下：

```
矩形长度:5
矩形宽度:6
矩形面积: 30
```

2.7.3　eval()函数

eval()函数可以接收一个字符串，以 Python 表达式的方式解析与执行该字符串，并将执行结果返回。该函数的语法格式为：

```
eval(<字符串>)
```

【例 2-9】输入三角形的三条边，用海伦公式计算三角形的面积。

```
#lt2-9-area.py
#  输入三角形三条边，用海伦公式计算三角形面积 s
import math
a=eval(input("请输入 a 边长："))
b=eval(input("请输入 b 边长："))
c=eval(input("请输入 c 边长："))
p = (a + b + c) / 2
s = math.sqrt(p * (p - a) * (p - b) * (p - c))
print("三角形的面积是".format(s))
```

程序运行时输入 a、b、c 的值，运行结果如下：

```
请输入 a 边长：3
请输入 b 边长：4
请输入 c 边长：5
三角形的面积是 6.00
```

 # 2.8 Python 中的函数和模块

函数是可以重复调用的代码块。Python 语言中包括许多内置的函数，如 print()、max()等，用户也可以自定义函数。有关自定义函数请参见第 6 章。

2.8.1 函数

1. 内置函数

Python 语言中包含若干常用的内置函数，如 dir()、type()、id()、help()、len()等，用户可以直接使用。

示例：

```
>>>s="Welcome to Hangzhou!"
>>>len(s)          #返回字符串 s 的长度，输出：20
20
>>>round(5.79)
6
```

2. 模块函数

通过 import 语句，可以导入模块 module，然后使用 module.function(arguments)的形式调用模块中的函数。

3. 函数 API

Python 语言提供了海量的内置函数、标准库函数、第三方模块函数，函数的调用方法由应用程序编程接口（API）确定。常用函数 API 如表 2-4 所示。

表 2-4　Python 常用函数 API

模块	函数调用方法	功能描述
内置函数	print(x)	输出 x
	abs(x)	x 的绝对值
	max(x1,x2,…)	给定参数的最大值
	min(x1,x2,…)	给定参数的最小值
	type(o)	o 的类型
	len(x)	x 的长度
Python 标准库 math 模块中的函数	math.sin(x)	x 的正弦
	math.cos(x)	x 的余弦
	math.exp(x)	x 的指数函数
	math.log(x,b)	x 的以 b 为底的对数
	math.sqrt(x)	x 的平方根
Python 标准库 random 模块中的函数	random.random()	返回[0,1)数据区间的随机浮点数
	random.randrange(x,y)	返回[x,y)数据区间的随机整数，其中 x 和 y 均为整数

2.8.2　模块

模块是包含变量、语句、函数或类的定义的程序文件，文件的名字就是模块名加上.py 扩展名。

功能相近的模块可以组织成包，包是模块的层次性组织结构。

Python 默认仅安装基本的核心模块，启动时只加载基本模块。

在 Python 中使用 import 导入模块或模块对象，有以下几种方式。

①导入整个模块。格式为：import 模块名 [as 别名]。

②导入模块的单个对象。格式为：from 模块名 import 对象[as 别名]。

③导入模块的多个对象。格式为：from 模块名 import 对象 1，对象 2，…

④导入模块的全部对象。格式为：from 模块名 import *。

说明：这几种方式导入模块后，使用模块中对象的形式有所不同。

【例 2-10】模块的导入及使用。

程序代码及运行结果：

```
>>>import math                 #math 是 Python 内置模块
>>>math.fmod(10,3)             #求余数
1.0
>>>import math as m            #别名为 m
>>>m.pow(2,4)
16.0
>>>from math import fabs,sqrt  #导入模块中的函数
>>>fabs(-100)
```

```
100.0
>>>sqrt(9)                      #返回 9 的平方根
3.0
```

【例 2-11】模块和包示例：求解一元二次方程 $ax^2+bx+c=0$。

程序代码如下：

```
#lt2-11-module.py
import math                #导入标准模块 math
a = float(input("请输入 a: "))
b = float(input("请输入 b: "))
c = float(input("请输入 c: "))
x1 = (-b + math.sqrt(b*b - 4*a*c))/(2*a)   #使用模块 math 中的函数 sqrt 求解平方根
x2 = (-b - math.sqrt(b*b - 4*a*c))/(2*a)
print('方程 a*x*x + b*x + c = 0 的解为: ', x1, x2)
```

程序运行时输入 a、b、c 的值分别为 3、8、5，则运行结果如下：

```
请输入 a: 3
请输入 b: 8
请输入 c: 5
方程 a*x*x + b*x + c = 0 的解为:  -1.0 -1.6666666666666667
```

 ## 2.9 turtle 绘图

turtle（海龟）库是 Python 语言中一个很流行的绘制图形的函数库，用于绘制线、圆及其他形状。turtle 绘图可以描述为"海龟爬行轨迹形成了绘制的图形"，图形绘制的过程十分直观。

turtle 库保存在 Python 安装目录的 lib 文件夹下，需要导入后才能使用。

2.9.1 turtle 简介

海龟有三个属性，位置、方向、画笔（颜色、宽度等）。

①位置属性：整个画板其实就对应"平面直角坐标系"，画板的正中心为坐标系的原点（0,0），即 x=0,y=0。在 turtle 里，使用 reset()函数可以使海龟回到原点坐标。

②方向属性：海龟可以进行 360 度的旋转，使用的函数为 left(angle)、right(angle)，分别为向左、向右转 angle 度。

③画笔属性：通过改变画笔的属性，海龟可以画出不同颜色、不同粗细的图案。该属性使用的函数包括 pencolor(args)，可以改变画笔的颜色，args 可以是'red'、'blue'等字符串；width(w)，可以改变画笔的粗细，w 为一个正数；up()，即提起画笔，暂时不画图像，对应的 down()为放下画笔，开始绘图。

下面首先介绍 turtle 的绘图坐标系，再介绍用于画笔控制、图形绘制的 turtle 库的常用方法。

1. 创建窗口

图形窗口也称画布（Canvas）。由于控制台无法绘制图形，因此使用 turtle 模块绘制图形化界面，此时需要首先使用 setup()函数创建图形窗口。

```
turtle.setup(width, height, startx, starty)
```

setup()函数中的 4 个参数分别表示窗口宽度、高度、窗口在计算机屏幕上的横坐标和纵坐标。width、height 的值为整数时，表示以像素为单位的尺寸；值为小数时，表示图形窗口的宽或高与屏幕的比例。startx、starty 的取值可以为整数或 None，当取值为整数时，分别表示图形窗口左侧、顶部与屏幕左侧、顶部的距离（单位为像素）；当取值为 None 时，窗口位于屏幕中心。

2. turtle 的画笔控制方法

画笔的控制包括设置画笔的状态，即画笔的抬起和落下状态；设置画笔的宽度、颜色等。

turtle 的画笔控制方法如表 2-5 所示。

表 2-5 turtle 的画笔控制方法

方法	功能描述
penup() / pu()/ up()	提起画笔，用于移动画笔位置，与 pendown()配合使用
pendown() / pd() / down()	放下画笔，移动画笔将绘制图形
pensize() / width()	设置画笔的宽度，若为 None 或为空，则返回当前画笔宽度
pencolor(colorstring) / pencolor(r,g,b)	设置画笔颜色，若无参数则返回当前画笔颜色
speed(speed)	设置画笔移动速度，取值为 0 到 10 的整数
begin_fill()	开始填充
end_fill()	结束填充

3. turtle 的图形绘制方法

turtle 图形绘制是通过控制画笔的行进动作完成的。turtle 的图形绘制方法也叫运动控制方法，包括画笔的前进方法、后退方法、方向控制等。

turtle 的图形绘制方法如表 2-6 所示。

表 2-6 turtle 的图形绘制方法

方法	功能描述
fd(distance) / forward(distance)	向前移动 distance 距离，单位为像素
backward(distance) /bk(distance) / back(distance)	向后移动 distance 距离
goto(x,y)	移动到指定位置，可以使用 x、y 分别接收表示目标位置的横坐标和纵坐标

方法	功能描述
seth(angle) / setheading(angle)	转动到某个方向，参数 angle 用于设置画笔在坐标系中的角度
left(angle)	向左转动，参数 angle 用于指定画笔向右与向左的角度
right(angle)	向右转动
setx(w)	将当前 x 轴移动到指定位置，w 单位为像素
sety(w)	将当前 y 轴移动到指定位置，w 单位为像素
circle(radius, extents，steps)	绘制圆弧，参数 radius 用于设置半径，extent（可选）用于设置弧的角度，steps（可选）确定绘制正多边形，若 steps=3，绘制正三角形

提示：如果想要移动海龟到(x,y)处，但不要绘制图形，则可以使用如下语句：up();
goto(x,y); down()。

2.9.2 turtle 绘图实例

【例 2-12】用坐标绘制图 2-1 所示的五角星图形。

图 2-1 五角星图形

绘图程序如下：

```
# lt2-12-star.py
import turtle                 #导入模块 turtle 中的全部内容
turtle.forward(200)
turtle.right(144)
turtle.forward(200)
turtle.right(144)
turtle.forward(200)
turtle.right(144)
turtle.forward(200)
turtle.right(144)
turtle.forward(200)
turtle.done()
```

拓展与提高：

绘制一个填充颜色为红色的五角星图形，绘制结果如图 2-2 所示。

程序 1：使用 for 循环。

```
#lt2-11-star-1.py
```

```
from turtle import *        #导入模块 turtle 中的全部内容
speed(3)
pensize(5)
color("black",'red')
begin_fill()
for i in range(5):
    forward(200)
    right(144)
end_fill()
```

程序 2：使用 while 循环。

```
#绘制五角星    lt2-11-star-2.py
import turtle as t      #导入模块 turtle，并为其取名为 t
t.pencolor("red")       #通过别名，设置画笔颜色
t.fillcolor("yellow")   #设置填充颜色
t.begin_fill()
while True:
    t.forward(200)              #设置五角星的大小
    t.right(144)
    if abs(t.pos()) < 1:
        break
t.end_fill()
```

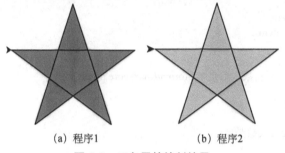

(a) 程序1　　　　　(b) 程序2

图 2-2　五角星的绘制结果

【例 2-13】绘制同一个半径的内接正多边形，如图 2-3 所示。

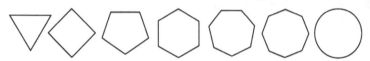

图 2-3　绘制同一个半径的内接正多边形

绘图程序如下：

```
#绘制同一个半径的内接正多边形
import turtle
import time                 #time 模块
turtle.setup(640,480)
turtle.title("绘制同一个半径的内接正多边形")
t=turtle.Turtle()
t.pensize(3)                #设置画笔宽度为 3
t.pencolor('blue')          #设置画笔颜色为蓝色
t.penup()                   #抬起画笔
t.goto(-270,0)              #移动位置
```

```
    t.pendown()                    #放下画笔
    for i in range(3,9):           #循环 6 次，i 值依次从 3～8 变化
        t.circle(40,steps = i)     #circle()函数可绘制正 i 边形，i>=3
        time.sleep(1)              #暂停 1s，需引入 time 模块
        t.penup()
        t.goto(-290+(i-2)*90,0)
        t.pendown()
    t.circle(40)                   #绘制 1 个圆
    t.hideturtle()                 #隐藏画笔
    turtle.mainloop()
```

 ## 2.10　实例应用

【例 2-14】给出列表保存的一组成绩数据，统计不及格的人数和最高分。

具体程序如下：

```
#lt2-13-max.py
lst=[89,45,34,23,98,33]            #列表表示
notpass =maxscore= 0               #notpass 为不及格人数，maxscore 为最高分
for item in lst:
    if maxscore<item:
        maxscore=item
    if item<60:
        notpass+=1
print("最高分是{}，不及数人数是{}".format(maxscore,notpass))
```

程序运行结果如下：

```
最高分是 98，不及数人数是 4
```

> 提示：本例知识点将在第 4 章和第 5 章介绍。本例利用遍历列表实现数据统计。

【例 2-15】求 2 个数平方和的平方根。

程序设计如下：

```
#lt2-14-sqrt.py
import math                        #导入模块
#定义函数
def func(x,y):
    z = math.sqrt(x ** 2 + y ** 2 )
    return z
if __name__ == "__main__":
    a = int(input("请输入一个整数："))    #定义变量 a
    b = int(input("请输入一个整数："))    #定义变量 b
    c = func(a,b)                      #调用 func()函数，结果赋给变量 c
    print("c =",c)                     #输出
```

程序运行结果如下。

```
请输入一个整数：3
```

```
请输入一个整数：4
c=5.0
```

提示：本例知识点将在第 6 章介绍。本例使用自定义函数。

本例代码第 7 行，__name__用来设置 Python 程序文件是作为模块导入还是单独运行模式的。

小　结

本章介绍的 Python 对象和引用、标识符、变量和常量、表达式和运算符、输入/输出函数、Python 中的库是 Python 语言程序设计的基础。另外，还介绍了程序的书写规则，包括代码缩进、注释、语句续行、关键字区分大小写等内容。

Python 不要求在使用变量之前声明其数据类型，但数据集类型决定了数据的存储和操作的方式不同。

在程序设计中要正确使用数据类型和库函数，可以使程序更加友好，后面章节将展开讲述。

要让程序具有较好的可读性，养成良好的编码风格是至关重要的。作为现代语言，Python 引入了大多数软件开发过程中遵循的编程风格，即高度可读、视觉感知极佳的编码风格，这些风格对程序员均有所帮助。

习　题

一、判断题

1．Python 中的标识符区分大小写。　　　　　　　　　　　　　　　　（　　）

2．Python 必须声明变量类型后才能进行变量赋值。　　　　　　　　（　　）

3．如果要从 math 模块导入 sqrt()函数，则可使用语句"from sqrt import math"。

（　　）

4．已知 x = 3，那么赋值语句 x = 'abcedfg' 是无法正常执行的。　　（　　）

5．3+4j 是合法 Python 数字类型。　　　　　　　　　　　　　　　　（　　）

6．Python 最具特色的是使用缩进表示代码块，也可以使用大括号。（　　）

7．Python 通常是一行写完一条语句，但是若语句很长，可以通过"\"来实现多行语句。　　　　　　　　　　　　　　　　　　　　　　　　　　　　　　　（　　）

8．Python 的变量无须提前声明。　　　　　　　　　　　　　　　　　（　　）

9．int()函数的作用是将括号中的数值或文本转化为字符串。　　　　（　　）

10．在编写代码时，一般先导入标准库对象，再导入第三方库（扩展库）对象。

（　　）

二、填空题

1．查看变量类型的 Python 内置函数是＿＿＿＿。

2．已知 x＝3，那么执行语句 x +＝6 之后，x 的值为＿＿＿＿。

3．Python 内置函数＿＿＿＿用来返回序列中的最大元素。

4．将数学公式 $\dfrac{\sin\sqrt{x^2}}{a\times b}$ 转换成 Python 语言表达式＿＿＿＿。

5．表达式"3.5+ (8/2*(3.5+6.7)/2)%4"的值为＿＿＿＿。

三、选择题

1．下列选项中不是正确 Python 标识符的是（　　）。

A．stu_info　　　　　B．var_1　　　　　C．3c　　　　　D．myname

2．下面属于合法变量名的是（　　）。

A．y_XYZ　　　　　B．234BCD　　　　　C．and　　　　　D．x-y

3．Python 不支持的数据类型是（　　）。

A．double　　　　　B．int　　　　　C．list　　　　　D．tuple

4．表达式 16/4-2**5*8/4%5//2 的值是（　　）。

A．14.0　　　　　B．4.0　　　　　C．20.0　　　　　D．2.0

5．下列选项中能正确导入 Python 标准库对象的是（　　）。

A．import math.sin as sin　　　　　B．import math as sin

C．import math.*　　　　　D．from math import *

四、程序阅读题

1．写出下面程序代码的运行结果。

```
>>> "%d   %d"%(12,12.3)              # 显示十进制数
>>> "%6d    %6d"%(12,12.3)           # 设定十进制数显示宽度
>>> "%10s is %-3d years old"%("Rose",18) #显示字符串和整数，分别设置宽度
>>> x,y,z=100,200,300
>>> print(x,y,z)                     #print()函数中的多个参数用逗号分隔
>>> print(x,y,z,sep="##")            #设置 print()函数的输出分隔符为##
>>> print(x,end=" ");print(y,end=" ");print(z)
```

2．分析下面程序代码的运行结果。

```
#程序：多个圆形的美丽聚合
from turtle import *
reset()
speed('fast')
IN_TIMES = 40
TIMES = 20
for i in range(TIMES):
    right(360/TIMES)
```

```
        forward(200/TIMES)            #思考：这一步是做什么用的？
        for j in range(IN_TIMES):
            right(360/IN_TIMES)
            forward (400/IN_TIMES)
write(" Click me to exit", font = ("Courier", 12, "bold") )
s = Screen()
s.exitonclick()
```

五、编程题

1．输入一个华氏温度值，编程输出对应的摄氏温度值。

将华氏温度（用 f 表示）转换成摄氏温度（用 c 表示）的公式是 $c = 5 \times (f-32) \div 9$。

2．编写一个程序文件，接收两个变量值的输入，交换它们的值，然后输出。

3．输入两个整数，输出它们的和、积。

4．输入圆柱体的半径和高，计算并输出圆柱体的体积。

5．输入三角形的底边长和高，计算并输出三角形的面积。

6．用所学绘图命令绘制如图 2-4 所示的图形，尺寸自定。

7．绘制如图 2-5 所示的图形，尺寸自定，

图 2-4　第 6 题的图形

图 2-5　第 7 题的图形

8．编写程序，绘制奥林匹克五环标志。

第 3 章　基本数据类型与表达式

本章学习要求

➢ 掌握三种数值及布尔类型的概念

➢ 正确使用三种数值类型

➢ 掌握字符串的概念和表示

➢ 熟悉基本的运算符

➢ 结合标准函数进行表达式计算

➢ 掌握字符串的基本操作和格式化输出

 3.1　数据和数据类型的概念

3.1.1　计算机的数据表示

利用计算机处理现实世界的实际问题时，所有有效的信息都将表示成计算机能"理解"和"接受"的形式。通常，程序中需要处理的数据包括数值类、文本类和复合类。

例如，根据输入的半径值计算对应的面积，那么输入的半径值和所求的面积值就是数值类型的数据。如果想要在计算机屏幕上显示"Hello Python!"，那么编程输入的这串文字对应的就是文本类型的数据。有时要表示的对象比较复杂，如教务管理系统中的学生信息，既有"姓名""学号""性别"等方面的文本类数据，也有表示各门课程分数的数值类数据，甚至还包括照片等图像类信息，这就要利用复合数据进行处理了。

3.1.2　数据类型概念

各类由程序处理的数据都首先被保存在计算机的内存中，内存以字节为单位进行数据的分配和回收。不同类型的数据占用的字节数不一样，因此所表示的范围是有大小之分的，不仅存储方式不同，每种类型数据的运算也是有区别的。

所以在学习编程语言时，首先要了解和掌握这门设计语言的基本数据类型和基本运算。

3.2　基本数据类型

基本数据类型包括整数、浮点数和复数类型的数值类型，字符串类型的文本类型和布尔类型。

3.2.1　整数类型 int

Python 的整数类型与数学上的整数概念一致，有十进制、二进制、八进制和十六进制4 种不同的表示方式。除常用的十进制外，其他进制都使用不同的引导符加以区分。整数的不同进制如表 3-1 所示。

表 3-1　整数的不同进制

进制	引导符	说明
十进制	无	默认格式。例如，100，−23
二进制	0b 或 0B	由 0 和 1 两个数码组成。例如，0B1101
八进制	0o 或 0O	由 0 到 7 八个数码组成。例如，0o1354
十六进制	0x 或 0X	由 0 到 9 和 a 到 f，或 A 到 F 共 16 个数码组成。例如，0x9A8B

3.2.2　浮点数类型 float

Python 用浮点数类型表示数学上的实数，有小数和指数两种形式。

3.14129、−123.65 是浮点数的十进制小数表示形式。指数形式采用以字母 e 或 E 表示以 10 为底的幂，格式如下：

<a>e 或 E<b>，表示 $a*10^b$

例如，9.2e−3，即 0.0092。−3.6E4，表示−36000。

Python 中浮点数一般以其近似值存储，取值范围和小数精度受不同计算机系统的限制会有所不同，但能满足日常处理的需要。

【例 3-1】

```
>>>23/3.02
7.6158940397351
```

3.2.3　复数类型 complex

Python 提供了数学中复数的表示形式 complex，分成实部和虚部两部分，格式如下：

real+imag(J/j)

【例 3-2】

```
x=3.5+2.78j
```

```
print(x.real)
print(x.imag)
```

显示结果为:

```
3.5
2.78
```

3.2.4　字符串类型 str

计算机早期主要应用于科学计算,所以程序处理的数据以数值类型为主。如今计算机的服务领域越来越多,处理对象日益丰富,需要进行大量文本数据的存储、编辑等操作。在程序中,文本数据通常以字符串的形式表示。

Python 语言中字符串是以一对单引号、双引号或三引号作为定界符的字符序列,它最基本的单位就是字符,分为可打印字符和不可打印的控制字符。打印字符包括:

①英文的大小写字母 A~Z 和 a~z。

②数字字符 0~9。

③标点符号和一些常用符号。

控制字符包括回车、制表符等,用\开始的转义字符表示,如表 3-2 所示。

表 3-2　转义字符

r	描　述	转义字符	描　述
\\	反斜杠符号	\t	横向制表符
\'	单引号	\n	换行
\"	双引号	\（在行尾）	续行符
\a	响铃	\f	换页
\b	退格	\OOO	八进制数 OOO 代表的字符
\r	回车	\xXX	十六进制数 XX 代表的字符

【例 3-3】

```
>>>print("Hello!")
Hello!
```

"Hello!"就是字符串,效果等同于'Hello!'。如果字符串本身带有单引号或双引号时,可以使用不同的引号嵌套,以示区别。例如:

【例 3-4】

```
>>>print('"Hello!"')
"Hello!"
```

可以使用 3 个单引号进行多行字符串的表示。例如:

【例 3-5】

```
>>>print('''I\'m
a
```

```
student''')

I'm
A
student
```

通常使用下标来区分字符串中某个指定字符。下标必须是整数，第一个字符对应的下标是 0，第二个字符对应的下标是 1，依次类推，最后第 n 个字符的下标就是 n-1。当然，字符串的下标也可以逆向标记，从最后一个字符的下标-1 开始，其他字符的下标往左依次递减，到达第一个字符时下标就是-n。

【例 3-6】示例代码如下：

```
s="Hello world"
print(s[0])
print(s[-1])

H
d
```

3.2.5　布尔类型 bool

布尔类型也称逻辑类型，这种数据只有 True（真）和 False（假）两个值。所有类型的数字 0（整数类型、浮点类型等其他类型）、空序列（字符串、列表、元组）及空字典的值为假，其他值为真。

【例 3-7】示例代码如下：

```
s=bool("Hello world")
t=bool(0)
x=bool("Hello world")+bool(0)
print(s)
print(t)
print(x)

True
False
1
```

 ## 3.3　运算符与表达式

3.3.1　运算符与表达式概念

对数据进行不同运算处理时运用的符号叫运算符。根据参与运算对象的数目，可以分为一元运算符、二元运算符。Python 常用的运算符包括算术运算符、关系运算符、逻辑运算符、赋值运算符、位运算符、成员运算符、身份运算符等。

使用运算符和括号将运算对象组合在一起的式子就是表达式。单独的一个常量或变量都可以视为一个表达式。表达式的运算结果与所参与的运算、运算的目数和运算的优先级有关。

3.3.2 算术运算符

常用的算术运算符如表 3-3 所示，假设变量 a 取值 2，变量 b 取值 5。

表 3-3 算术运算符

运算符	描　述	举　例
-a	取负	结果为-2
a+b	相加	结果为 7
a-b	相减	结果为-3
a*b	相乘	结果为 10
a/b	相除	结果为 0.4
a//b	整除	结果为 0
a%b	取余	结果为 2
a**b	求幂	结果为 32

Python 中的算术运算符跟常规的算术概念基本一致。不过个别运算符有所区别，乘法的运算符用*表示。除法运算分为普通除法（/）和整除（//）两种，前者，无论参与运算的数据是整数还是浮点数，计算结果都是浮点数；后者，如果参与运算的是整数，则结果为整数，如果参与的有浮点数，则结果就是浮点数。因此，在编程时应根据实际需要选择合适的除法运算。算术运算符的优先顺序是先进行单目取反运算，再进行乘除之类的运算，最后是加减运算。

【例 3-8】示例代码如下：

```
>>>5/2          #输出：2.5
>>>5//2         #输出：2
>>>5%2          #输出：1
>>>3.7//3       #输出：1.0
```

3.3.3 关系运算符

关系运算符是进行两个对象大于、小于或相等与否关系比较的运算符，关系成立的运算结果为真，反之为假，所以关系运算的值是布尔类型数据：True 或 False。变量 a 和 b 参与的关系运算如表 3-4 所示。

表 3-4　关系运算符

运算符	描　　述	举　　例
a>b	比较 a 是否大于 b	若 a 大于 b，则返回 True，否则返回 False
a>=b	比较 a 是否大于等于 b	若 a 大于等于 b，则返回 True，否则返回 False
a<b	比较 a 是否小于 b	若 a 小于 b，则返回 True，否则返回 False
a<=b	比较 a 是否小于等于 b	若 a 小于等于 b，则返回 True，否则返回 False
a==b	比较 a 是否等于 b	若 a 等于 b，则返回 True，否则返回 False
a!=b	比较 a 是否不等于 b	若 a 不等于 b，则返回 True，否则返回 False

　　关系比较运算类似数学的不等式表示，但有区别。其中的"大于等于"和"小于等于"的运算符用两个并列的符号>=和<=表示，不同于数学上的≥和≤；用==两个等号表示相等关系，与数学上习惯用=一个等号表示相等概念不同；用!=表示不相等关系，而非用数学符号"≠"表示。这些是大家学习 Python 中需要注意的方面。

　　【例 3-9】示例代码如下：

```
>>>a=10
>>>b=20
>>>a>b                    #输出：False
>>>a!=b                   #输出：True
```

3.3.4　逻辑运算符

　　关系运算进行的是较简单的布尔判断，复杂的布尔表达式就需要逻辑运算了。逻辑运算包括逻辑非、逻辑与和逻辑或运算，分别用 not、and 和 or 三个运算符表示。逻辑运算的结果可以是 True 和 False 两个值，具体如表 3-5 所示。

表 3-5　逻辑运算符

a	b	a and b	a or b	not a
True	False	False	True	False
False	True	False	True	True
False	False	False	False	True
True	True	True	True	False

　　逻辑运算和关系运算的结果非真即假的特点，往往被用作判断条件。因此在选择和循环结构中，逻辑运算和关系运算用作条件判断表达式的情况比较普遍。

　　【例 3-10】判断一个整数能否被 3 和 5 同时整除。

```
>>>x=100
>>>x%3==0 and x%5==0              #输出：False
>>>y=150
>>>y%3==0 and y%5==0              #输出：True
```

3.3.5　赋值运算符

在 Python 语言中，赋值运算是一种常用的运算，用一个=表示。赋值运算符不再意味左右相等关系，而表示将右边表达式的结果赋予左边的变量。赋值运算时，可以一次只给一个变量赋值，也可以同时给多个变量赋值。例如：

```
>>>x=100                            #一次赋值一个变量
>>>x,y,z=100,200,300                #一次赋值多个变量
>>>x,y=y,x                          #x，y 两个数值互换
```

同时给多个变量赋值属于同步赋值，表示将右边的表达式的每个结果按从左到右的顺序依次赋予左边的每个变量，接收赋值的变量顺序也是从左到右，并且左边变量与右边表达式的个数要匹配。Python 中同时给多个变量赋值的操作可以很方便地实现将两个变量值互换的操作。

另外，还有一种复合赋值的运算，其结构是：

```
变量　运算符=表达式
```

等同于：

```
变量=变量　运算符　表达式
```

例如：

```
>>>x=100
>>>x/=5                             #运算后 x 的值就是 20
```

3.3.6　位运算符

位运算符是针对二进制数按每一位进行运算的符号。

1. 按位取反（~）

按位取反是对一个二进制数的每一位进行取反操作。

例如，100 的二进制表示是 01100100，~100 的结果就是 10011011，十进制形式的数就是-101。

2. 按位与（&）

按位与是对两个二进制数的对应位进行逻辑与运算。在按位与操作过程中，只要对应的两位有一个是 0，结果就是 0，除非这两位都是 1，结果位才可能是 1。

例如，56&78，结果是 8。

```
56          00111000
78        & 01001110
            00001000
```

按位与有如下特殊用途。

①清零：希望某个指定位结果为 0，只需跟对应位是 0 的数进行按位与运算。

②取出指定位：希望取出某指定位原先的内容，可以跟对应位是 1 的数进行按位与运算。

3. 按位或（|）

按位或是对两个二进制数的对应位进行逻辑或运算，只要对应的两位有一个是 1，则结果就是 1，只有这两位都是 0 时，其结果位才可能是 0。

例如，56|78，结果是 126。

```
56          00111000
78      |   01001110
            01111110
```

按位或的特殊用途：置位，即可以利用跟对应位是 1 的数进行按位或运算，无论原位内容是否为 1，其结果都将是 1。

4. 按位异或（^）

按位异或是对两个二进制数的对应位进行逻辑异或运算，若对应的两位内容相同则结果是 0，若相异则为 1。

例如，56^78，结果是 118。

```
56          00111000
78      ^   01001110
            01110110
```

按位异或的特殊用途：可使指定位翻转，即一个数要翻转的位通过跟对应位是 1 的数进行按位异或运算，就可实现原先是 1 的位变成 0，原先是 0 的位变成 1。

5. 按位左移（<<）

按位左移是对左边的二进制数进行左移若干位的操作，左移的次数由右边的数决定，每左移一位，右端补一个 0，相当于左边的数乘一个 2。

例如，5<<4，表示把 00000101 左移 4 次，高位 4 个 0 移出，低位补 4 个 0，变成 01010000，对应的十进制数恰好是 5×2^4 的值 80。

6. 按位右移（>>）

按位右移是对左边的二进制数进行右移若干位的操作，右移的次数由右边的数决定，每右移一位，左端补一个 0，相当于左边的数除一个 2。

例如，5>>2，表示把 00000101 右移 2 次，高位补 2 个 0，低位移出两位，变成 00000001，对应的十进制数恰好是 $5//2^2$ 的值 1。

位运算的优先级从高到低，依次为~、<<、>>、&、|、^。

3.3.7 成员运算符

成员运算符描述与举例如表 3-6 所示。

表 3-6　成员运算符

运算符	描　　述	举　　例
a in b	判断在 b 的序列中是否存在 a	如果 a 在 b 的序列中，则返回 True
a not in b	判断在 b 的序列中是否不存在 a	如果 a 不在 b 的序列中，则返回 True

【例 3-11】应用举例。

```
>>>x="fa"
>>>y="ghdfjhjk"
>>>z="jhj"
>>>print(x not in y)
>>>print(z in y)
```

运行结果：

```
True
True
```

3.3.8　身份运算符

身份运算符的描述与举例如表 3-7 所示。

表 3-7　身份运算符

运算符	描　　述	举　　例
a is b	判断 a 和 b 是否引自同一个对象	如果 id(a)和 id(b)一致，则返回 True
a not is b	判断 a 和 b 是否引自不同对象	如果 id(a)和 id(b)不同，则返回 True

【例 3-12】应用举例。

```
>>>x=10
>>>y=10
>>>print(x is y)
>>>y=20
>>>print(x is y)
```

运行结果：

```
True
False
```

3.3.9　类型转换

一个表达式中有时会遇到多种类型数据的混合运算。由于不同类型数据的存储格式不同，因此要首先统一类型然后再进行相应的运算。数据转换的操作分为自动类型转换和强制类型转换两种方式。

1. 自动类型转换

混合了整数和实数的算术运算表达式计算时，以不降低精度的原则进行自动类型转换，即整数一般先转换成浮点数再参与和实数的运算。

2．强制类型转换

根据需要，在编程时可以将一种类型的数据强制转换成另一种类型的数据。强制转换内置函数如表 3-8 所示。

表 3-8　强制转换内置函数

函　数	描　述	函　数	描　述
int(x)	将 x 强制转换成整数	ord(x)	将 x 转换成对应的 ASCⅡ 值
float(x)	将 x 强制转换成浮点数	chr(x)	将 x 转换成对应的字符
str(x)	将 x 强制转换成字符串	eval(x)	将字符串 x 作为表达式计算

【例 3-13】应用举例。

```
>>> type(3.0+2)
<class 'float'>
>>>eval("3.14+3*5")
18.14
>>>ord("a")
97
```

3.3.10　运算符的优先级

如果一个表达式中出现多种运算符，则不同运算求值的顺序是有区别的，括号内的运算有最高优先权，其他的运算按照运算符的默认顺序进行。各类运算符的优先级顺序参见表 3-9。

表 3-9　各类运算符的优先级顺序

运算符	描述	优先级
**	幂运算	
~、+、-	按位取反、正、负号	
*、/、%、//	乘、除、取余、整除	
+、-	加法、减法	
>>、<<	右移、左移	
&	位与	
^、|	异或、位或	
==、!=、<=、<、>=、>	关系运算	
is、not is	身份运算	
in、not in	成员运算	
not	否定运算	
and	与运算	
or	或运算	

3.4　数值处理常用标准函数

Python 语言除提供可以直接使用的内置函数外，还有大量标准函数放在对应标准库和第三方库中，需要时只需到该库调取即可，大大方便了程序的编写。因此，有必要了解一些常用标准函数，以备编程时使用。

3.4.1　math 库的使用

平时，我们需要编程解决大量的数学类问题，一些常用的算术运算和常数 Python 已经定义成标准函数，并存放在 math 库中，需要时可通过 import 语句引入 math 库，这样就可以直接调用该函数了。调用格式是：

math.函数名(参数)

常用算术运算函数如表 3-10 所示。

表 3-10　常用算术运算函数

函数名或常数	描　述	举　例
math.e	自然常数 e	math.e
math.pi	圆周率 π	math.pi
math.log10(x)	返回以 10 为底的对数	math.log10(2)
math.pow(x,y)	返回 x 的 y 次方	math.pow(4,3)
math.sqrt(x)	返回 x 的平方根	math.sqrt(5)
math.ceil(x)	返回不小于 x 的最小整数	math.ceil(4.3)
math.floor(x)	返回不大于 x 的最大整数	math.floor(5.8)
math.trunc(x)	返回 x 的整数部分	math.trunc(7.6)
math.fabs(x)	返回 x 的绝对值	math.fabs(-4.3)
math.sin(x)	返回 x 的三角正弦值	math.sin(3)
math.asin(x)	返回 x 的反三角正弦值	math.asin(0.5)
math.cos(x)	返回 x 的三角余弦值	math.cos (1.7)
math.acos(x)	返回 x 的反三角余弦值	math.acos(0.3)
math.tan(x)	返回 x 的三角正切值	math.tan(5)
math.atan(x)	返回 x 的反三角正切值	math.atan(1.6)

【例 3-14】执行以下代码：

```
import math
print(math.pi)
print(math.sqrt(2))
print(math.acos(0.6))
print(math.pow(3,4))
print(math.floor(7.4))
```

运行结果：

```
3.141592653589793
1.4142135623730951
0.9272952180016123
81.0
7
```

3.4.2 random 库的使用

随机数在计算机应用中十分普遍。random 库包含了各种伪随机数的生成函数。因为由计算机生成的随机数其实是按照一定算法产生的，所以其结果是必然、可预见的，不是真正意义上的随机数。

若程序中需要调用某个随机函数，则只有事前使用 import 语句引入 random 库，才能成功调取函数。

如果要调用若干个不同的随机函数，就可以引入整个 random 库，格式如下：

```
import   random
```

在程序中调取函数时要添加库名作为前缀（如 random.randint()），才能成功。

如果只是调用固定的某一个随机函数，就使用下面的格式，从库里直接调取那个函数，引用函数时无须添加库名作为前缀：

```
from   random   import   randint
```

引入的库名　　引入的函数名

seed()是影响随机数发生器生成随机数的种子，它的使用格式是：

```
random.seed(a=None)
```

其中，a 为种子，一般是个整数，未设定时默认为系统时间。当 seed()函数的 a 取不同值时，前后两次生成的随机数序列是相异的，若 seed()函数的 a 取值相同，则前后两次生成的随机数序列是一样的，这种区分便于测试和同步数据。调用不同的随机函数，可以生成不同区间的各类随机数，具体如表 3-11 所示。

表 3-11　随机函数

函数名	描述
seed(a)	初始化随机数种子
random()	生成一个[0.0,1.0]之间的随机小数
randint(a,b)	生成一个[a,b]之间的整数
getrandbits(k)	生成一个 k 比特长度的随机整数
randrange(start,stop[,step])	生成一个[start,stop]之间以 step 为步长的随机整数
uniform(a,b)	生成一个[a,b]之间的随机小数
choice(seq)	从序列 seq 中随机返回一个元素
shuffle(seq)	将序列 seq 中的元素随机打乱，返回打乱后的序列

【例 3-15】执行以下代码：

```
import random
random.seed(15)
//循环产生 10 个 100 以内的随机整数，for 语句的使用将在第 4 章做详细介绍
for i in range(1,11):
    print(random.randint(1,100),end=", ")
print()
for i in range(1,11):
    print(random.randint(1,100),end=", ")
print()
random.seed(15)
for i in range(1,11):
    print(random.randint(1,100),end=", ")
print()
print(random.random())
for i in range(1,11):
    print(random.randrange(1,100,2),end=", ")
```

运行结果：

```
27, 2, 67, 95, 5, 21, 31, 3, 8, 88,
19, 89, 48, 31, 15, 44, 60, 91, 46, 36,
27, 2, 67, 95, 5, 21, 31, 3, 8, 88,
0.14724835647152645
89, 47, 31, 15, 43, 59, 91, 45, 35, 51,
```

 # 3.5 字符串处理函数及方法

3.5.1 字符串的基本操作

字符串是 Python 常用的处理对象，字符串的基本操作如表 3-12 所示。

表 3-12　字符串的基本操作

操作符	描述
x+y	连接字符串 x 和 y
x*n 或 n*x	将字符串 x 复制 n 次
x in s	若字符串 x 是字符串 s 的子串，则返回 True，否则返回 False
str[i]	索引，返回字符串 str 中第 i 个字符
str[m:n]	切片，返回字符串 str 中第 m 个到第 n-1 个字符的子串

Python 不需要调用连接函数，而使用+符号就可以实现几个字符串的连接操作。例如：

```
>>>s="今天"+"是"+"星期天"
>>>print(s)
今天是星期天
```

在算术运算中，*代表乘法或幂次运算，而在字符串的处理中，*是进行字符串复制的运算符。例如：

```
>>>s="555"*3
>>>print(s)
555555555
```

Python 有特殊的运算符处理字符串的子串判断，不需要特别编写代码以实现此项功能。例如：

```
>>>print('tu'in "study")
True
```

一个字符串涉及多个不同字符，如何区分彼此呢？考虑到每个字符所在的位置是固定且唯一的，因此可以采用类似门牌编号的方式，将字符串中的每个字符的位置按排列顺序编号，从 0 开始，然后 1、2、…、n−1 一直到最后第 n 个字符。若要查找或表示其中的某个字符，只要知道它的位置就能锁定。有一点要特别注意，就是字符串的索引编号是从 0 开始的，不是从 1 开始的，所以索引号是 i 的序号，其实对应的是第 i+1 那个字符。例如：

```
>>>s="Python"
>>>print(s[0],s[5])
P n
```

除可用索引法单独提取字符串中的字符外，还可以用切片法提取字符串中的一段子串，子串的长度、起始位置由两个参数 m 和 n 决定，但要注意子串是不包括第 n 个字符的，只取字符串中第 m 个字符到第 n−1 个字符为止的子串。例如：

```
>>>s="Python"
>>>print(s[1:4])
yth
```

3.5.2 字符串的常用内置处理函数

在 Python 解释器内部，有一些字符串处理的内置函数。在面向对象中的叫法就是"方法"，使用效果没有区别。常用字符串处理的内置函数如表 3-13 所示。

表 3-13 字符串处理的内置函数

功能	函数名/方法	描述
字符串类型判断	str.isalpha()	判断字符串 str 是否全为字母，是返回 True，否返回 False
	str.isdigit()	判断字符串 str 是否全为数字，是返回 True，否返回 False
	str.islower()	判断字符串 str 是否全为小写字母，是返回 True，否返回 False
	str.isupper()	判断字符串 str 是否全为大写字母，是返回 True，否返回 False
大小写字母转换	str.lower()	字符串 str 变小写字母
	str.upper()	字符串 str 变大写字母
	str.title()	字符串 str 首字母变大写字母
	str.swapcase()	字符串 str 中的大小写字母互换

续表

功能	函数名/方法	描述
删除空格	str.strip([chars])	删除字符串 str 左右的空格
	str.lstrip([chars])	删除字符串 str 左边的空格
	str.rstrip([chars])	删除字符串 str 右边的空格
字符串操作	str.find(sub[,start[,end]])	在字符串 str 的[start,end]区间中查找 sub 子串，返回 sub 首次出现的位置
	str.replace(old,new[,count])	在字符串 str 中用 new 子串替换 old 子串
	str.split()	将字符串 str 拆分成列表
	str.count(sub[,start[,end]])	统计 sub 子串在字符串 str 的[start,end]区间出现的次数

【例 3-16】应用举例。

```
s="    s2 345d gfd645    "
print(s.isdigit())
print(s.title())
print(s.upper())
print(s.strip())
print(s.find('45',1,9))
print(s.count('45'))
print(s.split())
```

运行结果：

```
False
    S2 345D Gfd645
    S2 345D GFD645
s2 345d gfd645
7
2
['s2', '345d', 'gfd645']
```

 ## 3.6 字符串格式化方法

3.6.1 字符串的 format()格式化方法

早前人们较多地使用%控制字符串的输出格式，目前一般采用 format()方法对字符串实行格式化控制。

1. format()方法的基本格式

<模板字符串>.format（参数）

在"模板字符串"中用{}给后面的参数提前占位，一对{}表示一个参数值的输出，至于输出哪个参数值，一种方法是按照{}在"模板字符串"中的排列顺序，依次由后面的参

数值逐个填入；另一种方法是在{}内填上后面参数的序列编号（从 0 开始），按编号填充相应的参数值。例如：

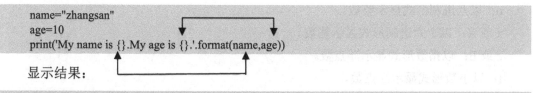

```
name="zhangsan"
age=10
print('My name is {}.My age is {}.'.format(name,age))
```

显示结果：

```
My name is zhangsan.My age is 10.
```

修改成：

```
print('My age is {1}.My name is {0}.'.format(name,age))
```

显示结果：

```
My age is 10.My name is zhangsan.
```

2．format()方法的格式控制

如果对输出的数值有格式要求，那么就要在{}内添加相应的格式控制标记符，可以实现对输出项的对齐方式、宽度、精度等方面的控制。格式如下：

```
{<参数序号>:<格式控制符>}
```

format()格式说明如表 3-14 所示。

表 3-14　format()格式说明

:	<填充>	<对齐>	<宽度>	<, >	<.精度>	<类型>
引导符	单个字符	<左对齐 >右对齐 ^居中对齐	设定输出宽度	数字的千位分隔符用于整数和浮点数	浮点数小数部分的精度或字符串的输出长度	整数类型： b、c、d、 o、x、X 浮点类型： e、E、f、%

<填充>部分的字符是指当输出值未达到设定的宽度时填充空位的字符，若没有指定，则默认由空格填充空位。

<对齐>输出值可以设定左对齐、右对齐和居中对齐三种不同对齐方式。

<宽度>对输出值可以指定显示的宽度，实际数值未达到指定宽度时将出现空位，根据设定的对齐方式，空位出现的位置将会不同：左对齐方式，空位出现在数值的右侧；右对齐方式，空位出现在数值的左侧；居中对齐方式，空位出现在数值的两侧。

<.精度>浮点数输出时可以进行小数点后保留几位的控制，系统会自动截取小数部分。

<类型>当输出整数或浮点数时，根据需要可以有不同进制的选择，由不同的格式控制符决定。

b：以二进制形式显示整数。

c：以整数对应的 Unicode 字符显示。

d：以十进制形式显示整数。

o：以八进制形式显示整数。

x 或 X：以十六进制形式显示整数。

e 或 E：以指数形式显示浮点数。

f：以小数形式显示浮点数。

%：以百分号形式显示浮点数。

例如，应用举例。

```
name="shen"
a=12345.2356
print('{:-<10},{:>10,.2f}'.format(name,a))
```

运行结果：

```
shen------, 12,345.24
```

3.6.2　字符串的 f-string 格式化方法

f-string 亦称为格式化字符串常量（formatted string literals），是 Python 3.6 新引入的一种字符串格式化方法，主要目的是使格式化字符串的操作更加简便。f-string 在形式上是以 f 或 F 修饰符引领的字符串（f'xxx'或 F'xxx'），以大括号 {}标明被替换的字段，这个字段可以是变量、表达式或函数等。通常采用如下格式设置字符串：

```
{content:format}
```

其中，content 是替换并填入字符串的内容，format 是格式描述符。格式控制的方法与 3.6.1 节介绍的 format()方法一致。采用默认格式时不必指定 {:format}，只写 {content}即可。例如：

```
s="zhangsan"
print(f'My name is {s}.')
x=78.5656
y=123
print(f'{x:10.2f}')
print(f'{y:*>10d}')
```

运行结果：

```
My name is zhangsan.
     78.57
*******123
```

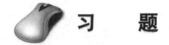

小 结

本章介绍了 Python 语言常用的数值类、布尔类和字符串类的基本数据类型，还介绍了表达式的概念及算术、关系、逻辑、赋值等常用运算符，要掌握根据运算的优先级判断表达式的值，以及一些常规标准函数的使用方法，为后续的编程打好基础。

本章详细介绍了目前主流的字符串输出格式控制函数和方法 f-string() 和 format()，有助于大家阅读理解相关知识。

习 题

一、判断题

1．Python 利用 input() 输入的数据都是字符串类型。　　　　　　　　（　　）

2．Python 中 1/4 的结果是 0。　　　　　　　　　　　　　　　　　　（　　）

3．表达式 "bool(0)+bool(1)" 与 "bool(0) and bool(1)" 的结果一致。　　（　　）

4．已知 a=65，那么执行语句 a = 12.78 后 a 的值是 12。　　　　　　　（　　）

5．可以用 math.pi 表示圆周率。　　　　　　　　　　　　　　　　　　（　　）

6．s="gdfdawm"，s[2:5] 表示 "fdaw" 这段子串。　　　　　　　　　　（　　）

7．Python 中整数只能以十进制形式显示，浮点数只能以小数形式显示。（　　）

8．2^3 表示 2^3。　　　　　　　　　　　　　　　　　　　　　　　　（　　）

二、填空题

1．print(math.floor(-3.56)) 的结果是_____。

2．print(~2&(3^7)) 的值为_____。

3．'***'*3 的结果是_____。

4．数学表达式 $\sin15° + \dfrac{e^x - 5x}{\sqrt{x^2+1}} \times 4$ 的 Python 的写法是_____。

5．print(3>6 or (not 7) and 1<=3) 的执行结果是_____。

三、选择题

1．print('dsghj'+2) 的执行结果是（　　　）。

A．语法错误　　　　B．'dsghj2'　　　　　C．dsghj dsghj　　　　D．2

2．print(3.65+2) 的执行结果是（　　　）。

A．5　　　　　　　B．6　　　　　　　　C．5.65　　　　　　　D．语法错误

3．print(hex(16),ord('a')) 的执行结果是（　　　）。

A．16 a　　　　　　B．0x10 97　　　　　C．10 a　　　　　　　D．16 97

4．print(type(4//3)) 的执行结果是（　　　）。

A．<class 'int'>　　　　　　　　　　B．<class 'float'>

C．<class 'double'>　　　　　　　　　D．<class 'complex'>

5．print(chr(50)) 的执行结果是（　　　）。

A．50　　　　　　B．0　　　　　　C．2　　　　　　D．5

6. print(math.sqrt(4)**math.sqrt(9)) 的执行结果是（　　　）。

A．36.0　　　　　B．6.0　　　　　C．8.0　　　　　D．222

四、程序阅读题

1．写出下面程序的运行结果。

```
a=58
b=7
print('a/b={},a//b={},a%b={}'.format(a/b,a//b,a%b))
```

2．写出下面程序的运行结果。

```
a=10
b=1234.678
print('a={:*<10},b={:1,.2f}'.format(a,b))
```

3．写出下面程序的运行结果。

```
a=158
b=7
print('a/b={:e},a//b={:x},a%b={:b}'.format(a/b,a//b,a%b))
```

五、编程题

1．利用随机函数产生一个三位数，判断它个、十、百位上的数字。

2．输入两个整数，求它们的位与、位或及位异或的值。

3．某市居民用水按阶梯收费，第一阶梯的用水量为 216 立方米（含）以下，销售价格为每立方米 2.90 元；第二阶梯用水量在 216～300 立方米（含）时，销售价格为每立方米 3.85 元；300 立方米以上的销售价格为每立方米 6.7 元。请编写程序，要求输入用水量，计算需缴纳的水费。用水量和水费的输出格式要求保留两位小数。

4．编程实现输入两个字符串 a、b，进行两个字符串的连接、比较、查找的操作。

第 4 章　程序的基本控制结构

本章学习要求

➤ 了解算法的概念及算法的流程图表示

➤ 掌握顺序结构

➤ 掌握选择结构，能针对不同情况选择不同的分支语句处理问题

➤ 掌握循环结构，熟练使用 while 和 for 语句

➤ 能区分 break、continue 语句的不同，在编程中正确使用优化设计方案

 ## 4.1　算法及算法表示

4.1.1　概述

人们利用计算机编程解决实际问题时，先要针对具体问题深入分析，确定解决问题的方法步骤，再用某种设计语言编制好一组命令即程序，指挥计算机有条不紊地按设定的顺序和方法完成任务。

描述程序解决问题的方法步骤就是算法。算法的设计直接影响计算机执行结果是否正确及执行效率的高低，所以算法的设计是编程的关键。

同样的问题，不同的人可能会设计不同的解决方案，执行效果会千差万别。假如我们出行利用 GPS 导航，如果赶时间，可以选择"高速优先"模式，此模式可以节省时间但相应的费用可能会增加；如果在乎费用，就可以选择"避免收费"模式，它可能会让你绕道增加了时间成本。所以我们在设计算法时要结合算法的特征，不能盲目。

算法有以下特征。

● 有穷性。算法必须在执行有限步骤后终止。

● 确定性。算法给出的每个计算步骤必须有明确定义，无二义性。

● 有效性。算法中的每个步骤都能有效执行，得到确定结果。

● 有零个或多个输入。算法处理的数据可以源于输入的数据。

● 有一个或多个输出。算法应有输出，执行结果就是算法的输出。

评价一个算法的优劣，可以从以下四个方面入手。

（1）正确性

指算法能否正确求解相应的问题。我们一般通过选择有代表性的数据对程序进行测试，查看结果是否与预期一致。

（2）时间复杂度

指计算机执行程序时花费的时间量。

（3）空间复杂度

指计算机上运行程序需要消耗内存的大小。

（4）可理解度

指算法是否便于人们阅读、理解。

4.1.2 算法的表示

流程图是算法表示常用的方法。它用一些图形框图、流程线和简单的文字说明描述程序的基本操作和算法实现过程。这种表达形象直观，易于理解，所以应用广泛。

下面是几种常用的流程图符号。

起止框：表示程序的开始和结束。

处理框：表示程序的处理步骤。

判断框：根据不同的判断结果执行不同的操作。

输入/输出框：表示数据的输入/输出。

流程线：表示程序执行路径。

4.2 顺序结构

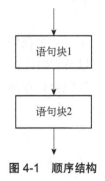

图 4-1 顺序结构

"结构化程序设计"思想是软件发展历程中一个重要的里程碑。它强调程序设计采用自顶向下，逐步细化的方法，任何简单亦或复杂的问题都可以通过顺序、选择和循环三种基本控制结构得以解决。

顺序结构按照从上往下的顺序依次执行程序中的语句（见图4-1）。顺序结构可以对变量进行赋值的操作，也可以进行数据的输入/输出操作，还可以对问题进行判断或循环的操作。顺序结构的流程图表示如下：程序执行完语句块 1 之后顺序执行语句块 2。

【例 4-1】输入半径值计算对应的圆面积。

```
import math
r=float(input("请输入半径:"))
s=math.pi*r*r
```

```
print("s={:.2f}".format(s))
```

执行结果：

```
请输入半径:3
s=28.27
```

 # 4.3　选择结构

选择结构通过判断特定条件是否满足来决定程序的执行流程，是一种非常重要的控制结构。根据满足条件的分类执行情况，分成单分支选择结构、双分支选择结构和多分支选择结构三种基本结构。如果判断情况复杂，还需要利用嵌套的分支结构来解决问题。

4.3.1　单分支选择结构

单分支选择结构是选择结构中较简单的一种判断执行，格式如下：

```
if 条件：
    语句块
```

表示当条件满足时，执行语句块；若条件不满足，语句块被跳过不执行。作为条件的表达式的结果是真（True），表示条件满足；若条件表达式的结果为假（False）；表示条件不满足。单分支选择结构适合处理只有一种特别情况的问题。流程图如图 4-2 所示。

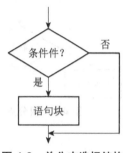

图 4-2　单分支选择结构

【例 4-2】找出较大的数。

```
x=input('请输入两个数字 a,b:')
a,b=map(int,x.split())
if a>=b:
    print('{}比较大'.format(a))
```

执行情况：

```
请输入两个数字 a,b: 78 12
输出：78 比较大
```

例 4-2 只能针对输入情况是 a 大于等于 b 时，才有输出，若遇到 a 比 b 小的情况，程序就没有正常输出。所以单分支选择结构只能用来处理满足条件的单一执行情况。

说明：map()函数是根据提供的函数对指定序列做映射。例 4-2 中通过 map()函数，将 x 序列的两个对象转化成整数，再赋值给左边的 a 和 b。

4.3.2 双分支选择结构

双分支选择结构用来处理满足条件与否的两种截然不同的执行，格式如下：

```
if 条件：
    语句块 1
else：
    语句块 2
```

表示条件满足时，执行语句块 1；条件不满足时，执行语句块 2。即无论条件满足与否，该选择语句都将被执行。所有满足条件的执行语句属于语句块 1 部分，采用相同的缩进量；而不满足条件的执行语句都要放在语句块 2 部分，当然也采用相同的缩进量。因为语句块 1 和语句块 2 的执行条件不可能重叠，所以这两种执行是互逆的，即执行了语句块 1 就不可能执行语句块 2，反之亦然。这跟使用两条单分支语句处理是有区别的。

Python 语言对不同层次的执行语句有严格的对齐格式要求，双分支选择语句中，关键字 if 和 else 属于同层次的结构，需要左对齐，语句块 1 和语句块 2 属于在满足两种条件下分别执行的语句，所以较 if 和 else 两个关键字都往右缩进，且缩进量相同。属于语句块 1 的执行语句都在一个层次内，所以都要左对齐，如果还有更深层次的执行语句，将再向右缩进。语句块 2 的情况相同。不同于 C 语言用{}括号将多条语句组合成复合语句，表示同层次的执行语句，Python 采用相同缩进量表示同层次的执行语句。不同的缩进量代表语句属于不同的结构层次，这种规范很容易分辨程序的层次结构。双分支选择结构流程图如图 4-3 所示。

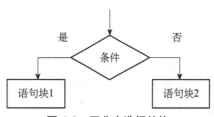

图 4-3　双分支选择结构

【例 4-3】若将例 4-2 修改成如下的代码：

```
x=input('请输入两个数字 a,b:')
a,b=map(int,x.split())
if a>=b:
    max=a
else:
    max=b
print('{}比较大'.format(max))
```

则无论输入的 a 和 b 是什么数值，程序都会有结果输出，并且输出的是两者中较大的那个数。

当执行操作比较简单时，Python 可以用条件表达式来代替双分支选择语句。条件表达式格式如下：

```
值 1   if   条件   else   值 2
```

表示当条件成立时，表达式的运算结果取值 1，若条件不成立，则表达式的运算结果取值 2。例 4-3 的双分支语句可以改写成如下的条件表达式：

```
max=(a if a>=b else b)
```

前后两种不同的用法，执行效果是一致的。

4.3.3　多分支选择结构

如果面临两种以上的复杂情况要做不同处理时，我们就需要利用多分支选择结构来解决问题。多分支选择结构的特点是每个条件构成一个分支，并且每个分支的执行是相互排斥的，只能满足执行其中之一，格式如下：

```
if 条件 1:
    满足条件 1 执行的语句块 1
elif 条件 2:
    满足条件 2 执行的语句块 2
elif 条件 3:
    满足条件 3 执行的语句块 3
    …
else:
    以上 n-1 个条件都不满足时执行的语句块 n
```

在设立条件时要注意的问题是，第 n 个条件一定是在第 n-1 个条件为假的范围里，前后的条件不能有交叉重叠。

多分支选择结构流程图如图 4-4 所示。

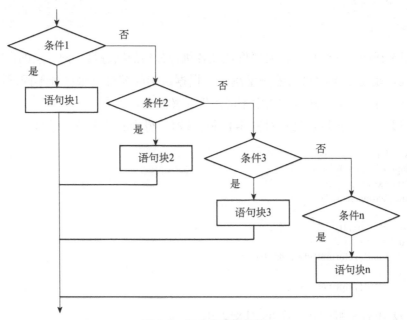

图 4-4　多分支选择结构

【例 4-4】将输入百分制的成绩转换成五分制等级。

```
x=int(input('请输入成绩:'))
if x>100:
    print('wrong score <=100')
```

```
    elif x>=90:
        print('A')
    elif x>=80:
        print('B')
    elif x>=70:
        print('C')
    elif x>=60:
        print('D')
    elif x>=0:
        print('E')
    else :
        print('wrong score >=0')
```

4.3.4　选择结构的嵌套

在处理实际问题时，有些选择情况会复杂多变，不能简单地通过一个单双分支或者多分支选择结构解决，这时可以依靠选择的嵌套结构进行分层处理。在一个 if 语句中可以嵌套别的 if 或者 if-else 语句，达到根据复杂条件进行筛选处理的效果，格式如下：

```
if    条件 1:
    语句块 1
    if    条件 2:
        语句块 2
    else :
        语句块 3
else :
    语句块 4
```

在使用选择嵌套的结构中，要严格把控各执行分句的缩进量，同一层的所有分句的缩进量都相同，越是里层的语句缩进量越多。根据语句的缩进量来区分不同层次的选择结构。另外要注意在不同的选择结构中不能出现交叉嵌套。

【例 4-5】根据选择嵌套结构对例 4-4 进行改写，得到的效果是一样的。

```
y="AABCDE"
x=int(input('请输入成绩:'))
if x>100 or x<0:
    print('wrong score ')
else :
    index=(x-60)//10
    if index>=0:
        print('{}'.format(y[4-index]))
    else:
        print('{}'.format(y[-1]))
```

【例 4-6】编程求解一元二次 $ax^2+bx+c=0$。

分析：首先根据输入 a 的数值，区分当前输入的系数能否构成一元二次方程：

（1）a=0 时显示输入的系数所构成的"不是一元二次方程"。

（2）若 a≠0，需要对是实根还是虚根的情况进行筛选：

①$b^2+4ac>=0$，有两个实根；

②$b^2+4ac<0$，有两个虚根。

这时双分支选择结构中又嵌套了一个双分支结构，它常用于分类复杂的情况。算法流程图如图 4-5 所示。

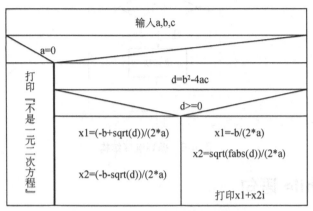

图 4-5 一元二次方程求根的流程图

代码如下：

```
import math
x=input('Enter number a,b,c=')
a,b,c=map(float,x.split())
if math.fabs(a)>1e-5:
    d=b**2-4*a*c
    if d>=0:
        x1=(-b+math.sqrt(d))/(2*a)
        x2=(-b+math.sqrt(d))/(2*a)
        print("x1={:.2f},x2={:.2f}\n".format(x1,x2))
    else:
        x1=-b/(2*a)
        x2=math.sqrt(math.fabs(d))/(2*a)
        print('x1={:.2f}+{:.2f}i'.format(x1,x2))
        print('x2={:.2f}-{:.2f}i'.format(x1,x2))
else:
    print('不是一元二次方程')
```

 ## 4.4 循环结构

对于某些需要重复执行多次的操作，我们可以利用循环结构来完成，循环结构一般由循环条件和循环体两部分组成。每次循环都要先进行条件判断，满足条件才能进行一次循环。这样的循环不会无限次重复，其实每一次循环都在使循环条件慢慢地接近"假"，最终一旦循环条件不满足时就结束循环。Python 提供了 while 和 for 两种循环语句。如果事前明确循环次数的一般可以用 for 语句，若无法确定循环次数的，则用 while 语句通过设定一定的条件实现循环。当然如果遇到情况复杂的循环，就需要通过嵌套结构解决循环问

题。循环结构的流程图如图 4-6 所示。

图 4-6　循环选择结构

4.4.1　while 语句

有些重复多次的操作无法在事前确定执行次数，编程采用循环结构时需要考虑设置一定条件来完成重复操作的，简称条件循环，while 语句就适用于条件循环，格式如下：

```
while    条件:
             循环体
```

首先进行条件判断，当满足语句中的条件时，执行一次循环体中的语句，再重复进行条件判断。满足条件的再重复执行循环语句，…，每次都先进行条件判断，满足条件的执行一次循环，作为条件的表达式每次也在变化，有限次循环后，一旦判断到表达式不满足条件了，就跳出，结束循环。若是遇到不满足条件时也有相应操作要执行的情况，则可以采用如下的结构：

```
while    条件:
             循环体
    else:
             语句块
```

> 注意：若遇到循环因为执行了 break 语句而结束，则不会执行 else 中的语句。

【例 4-7】求两个整数的最大公约数。

```
x=input('请输入两个数字 a,b:')
a,b=map(int,x.split())
x,y=a,b
if x<y:
     x,y=y,x
r=x%y
while r!=0:
     x,y=y,r
     r=x%y
print("{}和{}的最大公约数是{}".format(a,b,y))
```

程序运行结果：

```
请输入两个数字 a,b:36 45
36 和 45 的最大公约数是 9
```

4.4.2 for 语句

在使用循环结构时，如果事先明确循环次数或者清楚所要遍历的每种情况，我们就用 for 语句，格式如下：

```
for 循环变量  in  循环变量需要遍历的序列：
        循环体
```

或者：

```
for 循环变量  in  循环变量需要遍历的序列：
        循环体
else:
        语句块
```

表示循环变量每取序列中的一个值时，循环体执行一次。当遍历了序列中的所有取值，循环结束。

例如：

```
s='thanks'
for i in s:
        print('{},'.format(i),end=' ')
```

循环语句的执行情况是：当 i 取 s 字符串中的每个字符时，执行一次输出，得到如下的结果：

```
t, h, a, n, k, s,
```

【例 4-8】求 1+2+3+4+…+100。

```
s=0
for i in range(1,101):
        s=s+i
print(s)
```

结果：

```
5050
```

注意 i 是循环变量，它取 range(1,101)从 1 开始的每个数值，一直到上界 101 之前的 100 为止，每次的增量是 1。当增量值是 1 时可以缺省，若是其他数值的增量，则需放在 range 函数的第三个参数的位置。上例若修改成 range(1,101,2)，那题目就变成求 1～100 中的所有奇数的和了。range()函数也可以表示成 range(100)，则意味着 i 的取值从 0 开始，1、2、3、…，一直到 99。

【例 4-9】统计输入字符串中数字字符出现的个数。

```
s=input()
n=0
for i in s:
    if i>='0' and i<='9':
        n=n+1
print(n)
```

4.4.3　循环的嵌套结构

若遇到复杂的循环问题，就需要利用嵌套结构才能顺利解决，就是在一个循环里嵌套另一个循环。具体执行过程是，每完成里层从开始到结束的整个循环意味着进行了外层的一次循环。所以要遍历外层的 *m* 次循环相对内层的 *n* 次循环而言，内层的循环执行语句要重复执行 *m*×*n* 遍，因此使用嵌套的循环结构将导致总循环次数翻倍增加。嵌套的循环结构可以是 while 语句和 for 语句的各自或者相互的嵌套。

【例 4-10】打印输出如下格式的九九口诀表。

1*1=1	1*2=2	1*3=3	1*4=4	1*5=5	1*6=6	1*7=7	1*8=8	1*9=9
	2*2=4	2*3=6	2*4=8	2*5=10	2*6=12	2*7=14	2*8=16	2*9=18
		3*3=9	3*4=12	3*5=15	3*6=18	3*7=21	3*8=24	3*9=27
			4*4=16	4*5=20	4*6=24	4*7=28	4*8=32	4*9=36
				5*5=25	5*6=30	5*7=35	5*8=40	5*9=45
					6*6=36	6*7=42	6*8=48	6*9=54
						7*7=49	7*8=56	7*9=63
							8*8=64	8*9=72
								9*9=81

分析：平面图案打印是典型的两重循环嵌套问题。按照人们从上到下、从左到右的习惯，一般外层可以视为行的循环，内层则考虑成列的循环。这张口诀表的格式是，每行都先输出若干列空格，再输出若干列算式，最后输出换行，所以外层考虑成行的循环，每行输出的都是这三部分内容，一共要输出 9 行，意味着这样的输出操作重复 9 次；而每行的输出视为内层列的循环，包括：数量不等的空格输出可以看作输出一个空格的操作重复若干次，重复次数与所在行数有关；每列算式的输出包括内容和重复次数都与所在行有关，这种变化关系也是有规律可循的，很容易表示清楚；输出换行。

代码如下：

```
for i in range(1,10):
    for j in range(1,i):
        print(' '*8,end='')
    for j in range(i,10):
        print('{}*{}={:<4}'.format(i,j,i*j),end='')
    print('\n')
```

上述代码中，前后两个 j 的循环是并列的，即每行完成了空格的输出后才开始后面的算式输出，当算式输出结束后进行的是换行操作。所以这三句都采用了相同的缩进量，属于同一个层次的执行语句。

4.4.4　break 和 continue 语句

有时遇到一些特定条件下需要提前结束某个或者某一次循环的情况，我们可以利用 break 语句和 continue 语句实现使程序有条件地转向，这时往往会与选择结构结合使用。当然这两条转向语句的使用效果是不同的，需要结合实际情况，合理使用。它们的使用原则是：若满足特定条件想要结束某层循环时，使用 break 语句跳出当前层次的循环；若满足特定条件想要结束某一次循环，则使用 continue 语句使程序跳过之后的循环语句提前进入下一次循环。两者本质区别在于，break 语句结束所在层次的整个循环，continue 语句只结束一次循环。

【例 4-11】判定某个整数是否素数。

分析：所谓素数是指除 1 和自身之外，没有其他整数可以被整除的自然数。常规的思路是让这个数 m 被从 2 开始一直到 m-1 为止的所有数一一整除一遍，若没有一个数被整除，就说明 m 是素数。但这样的判断次数多，较烦琐。下面这种算法可以简化判断次数。因为 m=sqrt(m)*sqrt(m)，一旦有一个整除 m 的数比 sqrt(m)大，就意味着它的另一个能同时被 m 整除的数比 sqrt(m)小，所以我们只需要判断在 2～ sqrt(m)的区间内是否存在能整除 m 的数，只要有一个这样的数就可以排除 m 是素数。流程图如图 4-7 所示。

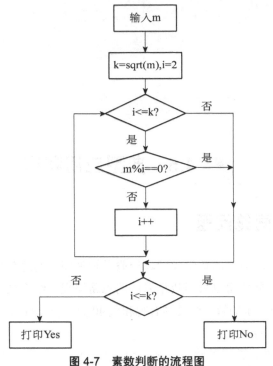

图 4-7　素数判断的流程图

代码如下：

```
import math
x=int(input())
k=int(math.sqrt(x))
```

```
for i in range(2,k+2):
    if x%i==0:
        break
if i<=k:
    print('{}不是素数'.format(x))
else:
    print('{}是素数'.format(x))
```

执行结果：

```
56
56 不是素数
37
37 是素数
```

循环中，遇到第一个能整除 x 的 i 就能断定输入的 x 不是素数，后面的判断就可以结束，所以用 break 语句提前终止循环。若在循环中没有一个 i 的取值能整除 x，那么直至 i 取值到 k+1 循环就自然终止。在整个循环结束后，再根据当时 i 的取值是否大于 k+1 来判断 x 是否素数。

【例 4-12】对 21（不包括）以内的除能被 3 整数的数以外的数求和。

```
s=0
for i in range(1,21):
    if i%3==0:
        continue
    s=s+i
print(s)
```

结果：

```
147
```

4.5 典型应用程序

4.5.1 鸡兔同笼问题

鸡兔同笼是小学阶段典型的数学问题。一般已知鸡和兔的总头数和脚数，要求计算各有多少只鸡和兔。这类问题可以采用枚举算法的思路编程。结合循环结构将各种可能一一列举，记录下其中符合要求的解。假设共有鸡和兔 40 只，脚 100 只，问鸡和兔各多少只。

【例 4-13】代码如下：

```
for ji in range(1,41):
    if 2*ji+(40-ji)*4==100:
        print('鸡:{},兔:{}'.format(ji,40-ji))
```

执行结果：

```
鸡:30,兔:10
```

以鸡的只数作为循环筛选变量，取值从 1 开始，每次递增 1，最后取值到 40 为止，每当鸡的数量为一定数值时，筛选一遍当时鸡和兔脚的总数是否 100，符合条件的输出，不符合的再取下一个值作判断。

4.5.2 利用格里高利公式求 π 的近似值

格里高利公式为：$\dfrac{\pi}{4}=1-\dfrac{1}{3}+\dfrac{1}{5}-\dfrac{1}{7}+\cdots$

分析：公式的变化规律是每次累加项$(-1)^n/（2n+1）$的绝对值在越变越小，结合精度的要求，我们在累加项的绝对值一旦小于 10^{-6} 时停止累加，累加问题可以用循环结构解决。其重点是要将每次循环累加项的变化规律表示清楚。一是每次累加项的变号问题，这可以通过将变量的相反数赋值于变量的方式轻松实现；二是每次累加项的分母是在变化的，但变化有规律，每次都递增 2。另外，因为循环次数不确定，所以考虑使用 while 语句。

【例 4-14】代码如下：

```
import math
sign=1
pi=0
n=1
t=1
while math.fabs(t)>=1e-6:
        t=sign/n
        pi=pi+t
        n=n+2
        sign=-sign
print('pi={}'.format(pi*4))
```

执行结果：

```
pi=3.1415946535856922
```

4.5.3 利用排序算法对输入的若干字符串进行从小到大排序

传统的排序算法有选择和冒泡两种算法。

1．选择算法

分析：有 n 个长短、内容不同的字符串（放在列表中），经过 n-1 轮的找相对最小的字符串的操作，可实现将 n 个字符串按升序排列。每一轮都通过比较找到当前轮的最小字符串，然后将其交换到这一轮的最前位置上。第一轮所有 n 个字符串参与比较，找到最小的那个字符串后将其交换到第一的位置；第二轮剔除已经排在第一位的最小字符串，在剩余的 n-1 个字符串中找最小值，找到后将其交换到第二的位置，再开始下一轮操作，以此类推，参与比较的字符串越来越少，最终只剩下一个字符串时，意味着排序结束。

图 4-8 中的 d、r、c、a、b、f 代表大小不同的字符串，最终通过选择算法将它们按照 a、b、c、d、f、r 的升序排列。

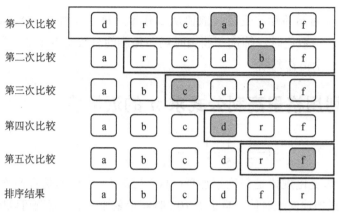

第一次比较	d	r	c	a	b	f
第二次比较	a	r	c	d	b	f
第三次比较	a	b	c	d	r	f
第四次比较	a	b	c	d	r	f
第五次比较	a	b	c	d	r	f
排序结果	a	b	c	d	f	r

图 4-8　选择排序算法图解

【例 4-15】代码如下：

```
x=input()
y=x.split()
n=len(y)
for i in range(0,n-1):
        k=i
        for j in range(i+1,n):
                if y[k]>y[j] :
                        k=j
        y[k],y[i]=y[i],y[k]
for i in range(0,n):
        print('{},'.format(y[i]),end=' ')
```

执行结果：

```
fshhhj 354 Cdsj 167 FGHkv fshku
167, 354, Cdsj, FGHkv, fshhhj, fshku,
```

2. 冒泡算法

分析：n 个字符串进行 $n-1$ 轮的相邻两个字符串的比较，一旦遇到前面的字符串大的情况，就交换这两个字符串。第一轮后，n 个字符串中最大的字符串就交换到了最后的位置，第二轮又从头开始进行两两相邻字符串的比较，使第二大的字符串出现在倒数第二的位置。这样重复 $n-1$ 次的相邻字符串的比较，最终能使所有字符串按照升序排列。

【例 4-16】代码如下：

```
x=input()
y=x.split()
n=len(y)
for i in range(0,n-1):
        for j in range(0,n-i-1):
                if y[j+1]<y[j] :
                        y[j],y[j+1]=y[j+1],y[j]
for i in range(0,n):
        print('{},'.format(y[i]),end=' ')
```

选择和冒泡这两种算法都采用了两重循环，外层都进行了 $n-1$ 轮循环，但内层循环的内容不同，选择算法是找最小的字符串并将其交换到该轮的第一个位置，冒泡算法是相邻字符串比较使该轮最大字符串交换到这轮最后的位置。

4.5.4 将十六进制数转成十进制数

整数常有十进制、二进制、八进制和十六进制几种不同的表示。我们可以编程实现两种不同进制数的相互转化。举例：将一个十六进制数转化成对应的十进制数。

分析：以字符串形式输入一个十六进制数"1f6a"，如何转化成对应的十进制数 8042 呢？

（1）从数的最高位'1'开始到最低位'a'，要将每位上的字符形式的数码转成对应的数值数码，即将'1'转成1，'a'转成10，分三种情况筛选：①是'0'～'9'中的数码；②是'A'～'F'的数码；③是'a'～'f'的数码。如果是①情况，首先调用 ord()函数将字符转成对应的 ASCⅡ值，之后需再减去'0'的 ASCⅡ值48，才能获得对应的整数数值。②和③情况类似，利用 ord()函数将字符转成 ASCⅡ数值之后，还需要减去'A'和'a'的 ASCⅡ值之后加10，才是该数码所对应的整数数值。

（2）从最高位到最低位，将每位上的数码按权展开相加：

$$1f6a=((1*16+15)*16+6)*16+10$$

【例4-17】代码如下：

```
x=input('输入一个十六进制数：')
n=len(x)
y=0
for i in range(0,n):
        if '0'<=x[i]<='9':
                y=y*16+ord(x[i])-48
        elif 'A'<=x[i]<='Z':
                y=y*16+ord(x[i])-65+10
        else:
                y=y*16+ord(x[i])-97+10
print('{}的 10 进制数是:{}'.format(x,y))
```

执行结果：

```
输入一个十六进制数：1f6a
1f6a 的 10 进制数是:8042
```

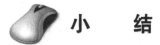 小 结

本章介绍的算法概念是程序设计的关键之一，在 Python 设计语言学习中应逐步积累一些典型问题的算法，对编程是非常有帮助的。

本章介绍的顺序、选择和循环结构是 Python 设计语言的编程基础，要掌握好每种控制结构的使用前提，选择结构有三种语句分别针对单分支、双分支和多分支三种不同情境使用，循环结构也有 while 和 for 两种语句，分别适用循环次数是否确定两种不同状况。要注意选择和循环语句中的条件设置，需合理有效，否则程序执行无效。使用 break 语句和 continue 语句可以有效合理控制程序的走向，提高执行效率。要重视嵌套结构的格式和执行层次，这种结构一般用来处理较复杂的问题。

学好编程的关键是多练（上机）、多琢磨（研读例题）、多积累（经典算法）。

 习　题

一、判断题

1．算法必须详细描述程序执行的每一个步骤。　　　　　　　　　　　　（　　）

2．Python 包括顺序、选择 、递归三种控制结构。　　　　　　　　　　（　　）

3．循环结构就是满足条件执行循环，一直到不能满足条件为止，无法提前终止。

　　　　　　　　　　　　　　　　　　　　　　　　　　　　　　　　（　　）

4．选择结构可以嵌套、交叉执行。　　　　　　　　　　　　　　　　　（　　）

5．Python 通过缩进量来表示层次的不同。　　　　　　　　　　　　　　（　　）

二、选择题

1．执行下列 Python 语句产生的结果是（　　　　）。

```
x=3
y=3.0
if x!=y:
    print('Equal')
else:
    print('Not Equal')
```

A．Equal　　　　　　　B．Not Equal　　　　　C．编译错误　　　　D．运行出错

2．下面的程序段中，循环次数与其他不同的是（　　　　）。

A．i=10

　　for i in range(10,0,-1):

　　　　print(i)

B．i=0

　　while i<=10 :

　　　　print(i)

　　　　i=i+1

C．i=10

　　while i>0 :

　　　　print(i)

　　　　i=i-1

D．i=10

　　for i in range(10) :

　　　　print(i)

3．统计职称（duty）为副教授且年龄（age）在 40 岁以下的性别（gender）分别为男

和女的人数 n1、n2，正确的语句是（　　　）。

A．if gender=="男" and age<40 and duty=="副教授":

     n1+=1

  else:

     n2+=1

B．if gender=="男" or age<40 or duty=="副教授":

     n1+=1

  else:

     n2+=1

C．if age<40 and duty=="副教授":

   if gender=="男":

     n1+=1

  else:

     n2+=1

D．if age<40 and duty=="副教授":

   if gender=="男" :

     n1+=1

   else:

     n2+=1

4．判断两个数中较小数的语句段，不正确的是（　　　）。

A．min=(x if x<y else y)　　　　　　B．if x<y: min=x

            else: min=y

C．if x<y: min=x　　　　　　　　　　D．min=x

  min=y　　　　　　　　　　　　 if x>y: min=y

5．下面程序段的输出结果是（　　　）。

```
x=3
while x:
    print(x)
    x-=1
```

A．3、2、1、0　　　B．3、2、1　　　　C．死循环　　　　D．2、1、0

三、程序阅读题

1．执行下面的程序。从键盘分别输入"abcdef"和"abcdedcba"，输出结果是什么。

```
import math
s=input()
x=1
i=0
while x<=math.floor(len(s)/2):
    if s[i]!=s[len(s)-1-i]:
        print("No")
        break
    i+=1
```

```
        x+=1
    else:
        print("Yes")
```

2．写出下面程序的运行结果。

```
x,y,a,b,z=10,20,1,0,11
if x<y:
    if a!=b:
        if a and b:
            z=100
        elif b:
            z=200
    else:
        z=300
print(z)
```

3．写出下面程序的运行结果。

```
b=1
for a in range(1,100,2):
    if b>=20:
        break
    if b%3==1:
        b+=3
        continue
    b-=1
print(a)
```

四、编程题

1．输入某年某月，判断这个月有几天。

2．编写程序输出所有的水仙花数。水仙花数是指一个三位数，它的个、十、百位上的数字的立方和恰好等于这个数本身。例如：$153=1^3+5^3+3^3$。

3．求 100 以内所有素数之和。

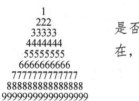

图 4-9　金字塔图案

4．输入一个字符串 a 和单独的一个字符 x，编程判断字符串 a 中是否存在字符 x，若存在，输出 a 中第一次出现 x 的位置，若不存在，输出"未出现"。

5．绘制如图 4-9 所示的金字塔图案。

6．随机产生 50 个在 10～99 间的整数，统计其中能被 3 整除的数的个数。

7．编写程序计算：$1-\dfrac{1}{2!}+\dfrac{1}{3!}-\dfrac{1}{4!}+...+(-1)^{n-1}\dfrac{1}{n!}$，精度为 0.000001。

8．编写程序，打印输出 1～2000 内的所有合数。所谓合数就是指一个数等于其所有因子之和的数。例如：$6=1+2+3$。

第 5 章　组合数据类型

本章学习要求

➢ 列表的应用
➢ 元组的应用
➢ 集合的应用
➢ 字典的应用

 5.1　Python 组合数据类型概述

前面的章节中，我们学习了 Python 中常用的一些数据类型，包括整数类型、浮点数类型、布尔类型等。使用这些数据类型仅能表示信息中的某个单一数据。这种表示单一数据的类型称为基本数据类型。而在实际情况中，计算机往往要处理的是一组数据，该组数据中包含多个单一数据，且存在类型不同的情况。这时，需要将多个数据有效地组织起来，就要使用到组合数据类型。

Python 的组合数据类型是由基本数据类型组合而成的，能够将多个同类型或不同类型的数据组织起来，统一地表示，方便程序对数据进行操作。如图 5-1 所示，组合数据类型可分为序列类型、映射类型和集合类型。

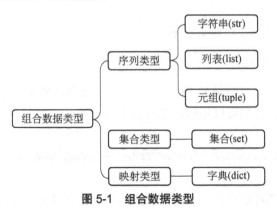

图 5-1　组合数据类型

①序列类型是一种包括多项数据的组合结构，我们称单项数据为元素。其特点是序列结构中所包含的各元素是有前后顺序的，元素可以重复。常用的序列类型有字符串、列表和元组。其中，列表是可变数据类型，元组和字符串是不可变类型，如：

字符串示例："Hello Python"

列表示例：['哪吒', 'M', 3, 100]

元组示例：("ok", 2, 2, 3)

②集合类型类似于数学中集合的概念，其中的元素没有先后顺序，且不可重复。

集合示例：{"red", "yellow", "blue"}

③映射类型包含一系列"键-值对"构成的数据。Python 中的映射类型是字典类型，其中的每个元素都是由一对数据构成的，前面的数据称作键，后面的称作值。

字典示例：{"中国": 960, "美国": 937, "日本": 38}

5.2 序列类型的通用操作

Python 中的序列结构属于容器类结构，就像一个容器，用于存放大量数据。序列结构中所包含的各元素都是有前后顺序的，元素可以重复。序列类型主要包括字符串类型、列表类型和元组类型。

①字符串类型是序列类型，它的每个元素都是一个字符。我们在前面的章节中已经学习过，字符串的字面量是用两个双引号（"）或者单引号（'）括起来的任意个字符，也可以使用三个引号（单引号或双引号都可，此时支持换行），如：

```
'Hello Python'
"I'm a good student."
"'欢迎来到
Python 学习园地"'
```

②列表的字面量用一对方括号"[]"表示，其中元素之间用逗号（,）分隔。列表是可变类型。各个元素的类型可以相同，也可以不同，甚至还可以是序列类型，如：

```
[1, 3, 5, 7, 9, 11, 13]
['red', 'orange', 'yellow', 'green', 'blue', 'purple']
['哪吒', 'M', 3, 100]
[[1, 2, 3], [4, 5, 6], [7, 8, 9]]
```

③元组的字面量用一对圆括号"()"表示，其中元素之间用逗号（,）分隔。元组是不可变类型，各个元素的类型可以相同，也可以不同。如：

```
(153, 370, 371, 407)
('Monday', 'Tuesday', 'Wednesday', 'Thursday', 'Friday', 'Saturday', 'Sunday')
("ok", 2, 2, 3)
```

所有的序列类型都可以进行一些通用的操作。这些操作包括索引、分片、加、乘，以及检查某个元素是否为序列的成员（成员资格）。除此之外，Python 还有计算序列长度、找出最大或最小元素的内建函数，以及查找特定元素出现的位置或出现次数的方法。表 5-1 给出了这些操作的描述。

表 5-1　序列类型的通用操作

操　作	描　述
for i in s:	遍历序列 s
s[i]	引用序列 s 中索引为 i 的元素
s[i:j]	引用序列 s 中索引为 i 到 j-1 的子序列（切片）
s[i:j:k]	引用序列 s 中索引为 i 到 j-1 的子序列，步长为 k
s1 + s2	将序列 s1 和序列 s2 按先后顺序连接起来，生成一个新的序列
s * n 或者 n * s	将序列 s 重复 n 次，生成一个新的序列
x in s	如果 x 是序列 s 的元素，返回 True，否则返回 False
x not in s	如果 x 不是序列 s 的元素，返回 True，否则返回 False
len(s)	计算序列 s 的元素个数（计算序列的长度）
min(s)	计算序列 s 的最小元素
max(s)	计算序列 s 的最大元素
s.index(x,i,j)	在序列 s 索引为 i 到 j 的子序列中查找元素 x 出现的位置
s.count(x)	计算元素 x 在序列 s 中出现的次数

5.2.1　遍历序列

由于序列中可以存放多个元素，因此要遍历序列通常需要用到循环结构。例 5-1 中，for 循环遍历了序列 s 中所有的元素。

【例 5-1】列表中存放着所有同学的姓名，编程欢迎所有的同学。

```
#lt5-1-welcome.py
s = ['张三', '李四', '王五', '赵六']
for x in s:
    print(f'{x}同学，欢迎你！')
```

程序运行后，得到结果：

```
张三同学，欢迎你！
李四同学，欢迎你！
王五同学，欢迎你！
赵六同学，欢迎你！
```

5.2.2　索引

序列结构中所包含的各元素都是有前后顺序的。每个元素被分配一个序号，即元素的位置。通过这个序号可以访问序列中的每一个数据，这个序号称为索引或下标。序列中，最前面的元素索引值为 0，紧跟其后的元素索引值为 1，以此类推。如图 5-2 下方所示，若有列表"['哪吒', 'M', 3, 100]"，则元素"'哪吒'"的索引值为 0，元素"'M'"的索引值为 1。

图 5-2　序列类型的索引体系

当使用负的索引值时，最后一个元素的索引值为–1，倒数第二个元素的索引值为–2，以此类推。如图 5-2 上方所示，则元素"'哪吒'"的索引值还可以为–4，元素"'M'"的索引值还可以为–3。只要是序列类型，都可以使用这种索引体系，即正向递增的索引和反向递减的索引。

利用索引可以访问序列的单个元素，使用形式为：

```
序列[索引值]
```

如下面的例子：

```
>>> s=['哪吒', 'M', 3, 100]
>>> s[1]
'M'
>>> s[-3]
'M'
```

在对序列类型进行索引操作时，可以使用变量，也可以使用序列字面量，如：

```
>>> "Python"[2]
't'
>>> ['哪吒', 'M', 3, 100][3]
100
```

在序列类型中，对于列表和元组，其中的元素也可以是某种序列类型。如上面的例子中，s 序列的第 0 个元素"'哪吒'"是字符串型的，也是序列类型的。我们可以用二级索引来访问其中的字符。如：

```
>>> s=['哪吒', 'M', 3, 100]
>>> s[0]
'哪吒'
>>> s[0][1]
'吒'
```

【例 5-2】输入一个整数金额，输出用汉字表示的大写金额数。假设输入的金额数为正整数，且最大为 12 位数字。

```
#lt5-2-money.py
t = input("输入整数金额：")
```

```
num = ('零', '壹', '贰', '叁', '肆', '伍', '陆', '柒', '捌', '玖')
unit = (('圆', '万', '亿'), '拾', '佰', '仟')
n = len(t)
j = n % 4
k = n // 4
for i in t:
    print(num[int(i)], end='')
    if j>0:
        j -= 1
    else:
        j = 3
        k -= 1
    print(unit[j] if j>0 else unit[j][k], end='')
```

运行程序，输入 1234567890，运行结果为：

```
输入整数金额：1234567890
壹拾贰亿叁仟肆佰伍拾陆万柒仟捌佰玖拾零圆
```

5.2.3 切片

通过索引可以访问序列中的单个元素，而通过切片操作可以访问序列中的一部分元素。我们在第 3 章中曾学习过字符串的切片。现在我们详细介绍序列的切片操作。切片操作可以通过冒号相隔的两个索引来实现，其使用形式为：

序列[起始索引值:结尾索引值]

切片操作可以获取序列中"起始索引值"和"结尾索引值"之间的元素，包括"起始索引值"对应的元素，但是不包括"结尾索引值"对应的元素。切片操作对于提取序列的一部分是十分有用的。如下面的例子：

```
>>> s=[1, 3, 5, 7, 9, 11, 13]
>>> s[1:4]
[3, 5, 7]
```

如图 5-3 所示，s[1:4]就是对序列 s 进行切片操作得到该序列的一部分。起始索引值和结尾索引值分别为 1 和 4，相当于在 s[1]和 s[4]的前面各切一刀，得到一个新序列。该序列包含原序列 s 的 s[1]、s[2]、s[3]三个元素的内容。

利用索引访问序列中的单个元素时，可以使用负的索引值。切片操作当然也可以使用负的索引值，在上面的例子中，使用 s[-6:-3]可以得到相同的结果。

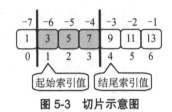

图 5-3　切片示意图

【例 5-3】编程提取下列域名中的域名主体。

```
#lt5-3-domain.py
dn=['www.python.org', 'www.pythontutor.com', 'www.gov.cn']
for d in dn:
    n = -1
    while True:
```

```
        if d[n] == '.':
            break
        n -= 1
    print(d[4:n])
```

程序的运行结果为：

```
python
pythontutor
gov
```

在使用切片操作时，还需要注意以下几个方面的问题。

1. 省略索引值

若想获取序列最后的一些元素，我们在切片的时候，要注意"结尾索引值"的选择。如果要获取上面例子中 s 序列从 2 号索引开始的所有数据，使用 s[2:-1]是不正确的。因为这样得到的内容不包括"结尾索引值"对应的元素，也就是说，结果中没有包含最后一个元素 s[-1]。要获得包含最后一个元素的切片，可以省略"结尾索引值"，如使用 s[2:]。我们来看下面的例子：

```
>>> s=[1, 3, 5, 7, 9, 11, 13]
>>> s[2:-1]
[5, 7, 9, 11]
>>> s[2:]
[5, 7, 9, 11, 13]
>>> s[2:7]
[5, 7, 9, 11, 13]
```

当切片的"结尾索引值"超过最大索引值时，也可以将后面所有的数据包含进来。如上面例子中，虽然序列 s 的最大索引值为 6。使用 s[2:7]也可以获得正确的结果。

切片操作时省略"结尾索引值"，表示要一直切到最后一个元素之后。当需要获取序列的最后几个数据时，这样的切片操作会十分方便。使用切片 s[-n:]即可获取序列 s 的最后 n 个元素。

同样地，如果切片的"起始索引值"是 0，"起始索引值"也可以省略。若两个索引值都省略，相当于复制整个原序列。

```
>>> s=[1, 3, 5, 7, 9, 11, 13]
>>> s[:3]
[1, 3, 5]
>>> s[:]
[1, 3, 5, 7, 9, 11, 13]
```

2. 步长

在进行切片操作时，还可以使用步长，用于跳过某些元素，需要添加一个冒号和步长来实现，其使用形式为：

```
序列[起始索引值:结尾索引值:步长]
```

实际上，在普通的切片操作中，步长是 1，是隐式设置的。切片操作就是按照这个步长逐个遍历序列指定范围内的元素，并将结果返回。同样地，返回的内容包括起始索引值对应的元素，不包括结尾索引值对应的元素。如果设置的步长大于 1，则会跳过一些元素。例如将步长设置为 2，则每隔一个元素获取内容，如图 5-4 所示。

```
s = [1, 3, 5, 7, 9, 11, 13]
>>> s[1:6:2]
[3, 7, 11]
```

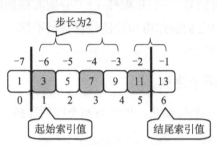

图 5-4　带步长切片示意图

步长设置为 n（n>0），表示每 n 个元素提取一个元素。在使用切片时，也可以省略索引值，如：

```
>>> s = [1, 3, 5, 7, 9, 11, 13]
>>> s[ : : 3]
[1, 7, 13]
```

步长不能设置为 0，但是步长可以设置为负数。当步长为负数时，提取元素时方向为从后向前。如下面的例子：

```
>>> s = [1, 3, 5, 7, 9, 11, 13, 15, 17, 19, 21, 23, 25, 27]
>>> s[12:3:-3]
[25, 19, 13]
```

如图 5-5 所示，当切片的步长为-3 时，元素提取方向为自后向前，每 3 个元素提取一个。提取的元素包括"起始索引值"对应的元素，但是不包括"结尾索引值"对应的元素。索引值也可以使用负值，例如，s[12:3:-3]和 s[-2:-11:-3]等价。

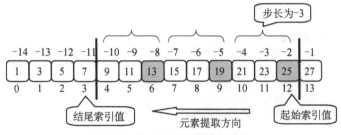

图 5-5　步长为负的切片示意图

如果想要得到一个倒置的序列就可以使用步长为负的切片，如下面的例子：

```
>>> s = [1, 3, 5, 7, 9, 11, 13]
```

```
>>> s[::-1]
[13, 11, 9, 7, 5, 3, 1]
```

需要注意的是，切片操作并没有改变原序列，只是获取原序列中的部分元素，生成一个新的序列。

5.2.4 序列的运算符

在数值计算中可以使用加号（+）和乘号（*）分别实现加法和乘法运算。这两个运算符也可以使用在序列中，但它们的作用和数值计算有所不同。在序列的运算中还可以使用 in 运算符来进行成员资格的判断。

1. 加号（+）连接两个序列

使用加号（+）对两个序列做加法，可以将两个序列连接起来，如：

```
>>> s1 = [1, 3, 5, 7, 9, 11, 13]
>>> s2 = [2, 4, 6]
>>> s1+s2
[1, 3, 5, 7, 9, 11, 13, 2, 4, 6]
>>> 'Hello ' + 'Python'
'Hello Python'
```

【例 5-4】编程设计一个周值班表。5 个工作日，5 个人每人值班一天。具体周几值班实行轮换制。如，上一周是周二值班的，这周就周一值班；上一周是周三值班的，这周就周二值班，以此类推。而上周是周一值班的人员，这周就周五值班。

```
#lt5-4-schedule.py
worker = ['张三', '李四', '王五', '赵六', '哪吒']
n = int(input('请输入需要值班的周数:'))
print('        周一    周二    周三    周四    周五')
for i in range(1, n+1):
    print(f'第{i}周：', end = '')
    for x in worker:
        print(f'{x:^4}', end = '')
    print()
    worker = worker[1:] + worker[:1]
```

若输入 4，程序运行的结果为：

```
请输入需要值班的周数:4
        周一    周二    周三    周四    周五
第 1 周：   张三    李四    王五    赵六    哪吒
第 2 周：   李四    王五    赵六    哪吒    张三
第 3 周：   王五    赵六    哪吒    张三    李四
第 4 周：   赵六    哪吒    张三    李四    王五
```

需要注意的是，只有相同类型的序列才可以进行加号（+）的连接运算。字符串、列表和元组都属于序列类型，但是它们相互之间不能进行连接操作。如，试图使用加号（+）来连接列表和字符串，就会出错。

```
>>> [1, 3, 5] + 'Python'
Traceback (most recent call last):
    File "<pyshell>", line 1, in <module>
TypeError: can only concatenate list (not "str") to list
```

2. 乘号（*）重复序列

用数字乘以一个序列可以将其重复若干遍，并连接在一起形成一个新的序列，如下面的例子：

```
>>> [1, 2] * 3
[1, 2, 1, 2, 1, 2]
>>> 5 * [0]
[0, 0, 0, 0, 0]
>>> '(^_^)' * 2
'(^_^)(^_^)'
```

注意：乘号两边的数据，必须一个是整数类型的，一个是序列类型的。前后的顺序无所谓。

3. 成员资格

使用 in 运算符，可以检查一个值（判断对象）的成员资格，也就是判断该值是否在序列中。运算的结果是逻辑值：True 或 False。

成员资格的检查，对于列表和元组来说，检查的是：判断对象是不是序列的一个元素。如下面的例子：

```
>>> s = [1, 3, 5, 7, 9, 11, 13]
>>> 3 in s
True
>>> [3] in s
False
>>> [1, 3] in s
False
>>> t = [[1, 3], 5, 7, 9, 11, 13]
>>> [1, 3] in t
True
```

上面的例子中，列表 s 的所有元素都是整数，虽然列表[3]和[1, 3]中的数据都属于 s 列表，但它们都不具有成员资格。而列表 t 的第 0 个元素就是一个列表[1, 3]，所以[1, 3]具有成员资格。

字符串类型的情况有所不同。我们前面讲到的字符串作为序列类型，它的每一个元素就是一个字符。字符串中的每一个字符都具有成员资格，字符串的子串也具有成员资格。如：

```
>>> s = 'Hello Python'
>>> 'e' in s
True
>>> 'Hello' in s
True
```

使用 in 运算符可以判断一个字符串是否为另一个字符串的子串。空字符串是任何字符串的子串。

5.2.5 长度和最值的计算

内置函数 len()、min()和 max()可以用于序列。len 函数返回序列的元素个数（计算序列的长度），min 函数和 max 函数分别返回序列 s 的最小元素和最大元素。

```
>>> s = [85, 93, 60, 100, 55]
>>> len(s)
5
>>> min(s)
55
>>> max(s)
100
```

需要注意的是，影响序列内部的正向索引值是从 0 开始的，所以序列 s 最大的索引值等于 len(s)-1。

5.2.6 查找元素

（1）用序列的 count()方法，可以返回指定值在序列中出现的总次数，其使用形式为：

序列.count（元素值）

例如：

```
>>> s = [1, 3, 5, 7, 1, 3, 2, 1]
>>> s.count(1)
3
```

（2）用序列的 index()方法，可以在序列中找出其值为指定值的元素，首次出现的位置，其使用形式为：

列表.index（元素值，起始索引值，结尾索引值）

该方法在序列"起始索引值"和"结尾索引值"之间的元素中查找指定值的元素，返回首次找到的元素索引值。若找不到，会产生一个错误。注意查找的范围包括"起始索引值"对应的元素，但是不包括"结尾索引值"对应的元素。

若查找范围包含最后一个元素，则可以省略"结尾索引值"；若查找范围包括序列的所有元素，则省略"起始索引值"和"结尾索引值"两个参数。如：

```
>>> s = [1, 3, 5, 7, 1, 3, 5, 7]
>>> s.index(3)
1
>>> s.index(3, 2)
5
>>> s.index(3, 2, 5)
Traceback (most recent call last):
```

```
File "<pyshell>", line 1, in <module>
ValueError: 3 is not in list
```

最后一个例子中，由于查找的索引范围为2～5（包括2，不包括5），其中没有值为3的元素，程序产生了一个错误。

在使用序列的这两个和查找相关的方法时，若查找的序列是一个字符串，不但可以查找元素（单个字符），还可以查找子串。对于index()方法，在查找范围内如果发现了指定的子串，则返回子串第一个字符所在的索引值。

```
>>> s = 'Hello Python. Hello World.'
>>> s.count('Hello')
2
>>> s.index('Python')
6
```

5.3 列表

列表属于序列类型，由一系列按照指定顺序排列的元素组成。元素可以是任何类型的，并且各元素的类型也可以不同。列表的长度和内容都是可变的，也没有长度限制。列表的使用非常灵活，是Python中十分常用的数据类型。除了前面学习过的序列通用操作，列表还有自己的特有的一些操作。表5-2给出了这些操作的描述。

表5-2　列表类型的特有操作

操 作	描 述
list(t)	将其他类型的数据转换成列表（t是可迭代对象，如列表等。下同）
s[i] = x	将列表s中索引值为i的元素赋值为x
s[i:j] = t	将列表s中的[i:j]部分替换为t（索引范围包括i，不包括j。下同）
s[i:j:k] = t	将列表s中的[i:j]部分按步长逐个替换为t中的元素
del s[i]	删除列表s中索引值为i的元素
del s[i:j]	删除列表s中的[i:j]部分元素
del s[i:j:k]	按步长删除列表s中的[i:j]部分元素
s.append(x)	在列表s的最后增加一个元素x
s.clear()	删除列表s中的所有元素，使其成为一个空列表
s.copy()	生成一个新的列表，并复制列表s中所有的内容
s.extend(t)	将t的内容添加到列表s的后面
s.insert(i,x)	在索引值为i的位置插入元素x
s.pop(i)	提取列表s中索引值为i的元素，并删除该元素
s.remove(x)	删除列表s中首个值为x的元素
s.reverse()	将列表s倒置
s.sort()	对列表s的元素进行升序排列

表 5-2 中后面部分主要是列表的专用方法。列表是可以改变的类型。大部分的方法（除了 s.copy()）都对原列表自身作了修改。

5.3.1　创建列表

创建列表有以下几种方法。

（1）直接使用列表的字面量来创建列表，如：

```
s1 = [ ]                        # 创建一个空列表
s2 = [1, 3, 5, 7, 9]            # 创建一个有一些值的列表
```

这样就创建了一个空的列表和一个具有一些值的列表。当然之后还可以向 s1 和 s2 对应的列表中添加元素。

列表的元素可以是任何类型的，当然也可以是列表。使用元素是列表的列表，可以构建多维的列表。二维的列表可以用于存放类似矩阵的数据，如：

```
s = [[1, 2, 3], [4, 5, 6], [7, 8, 9]]
```

在这个例子中，s[0]作为列表 s 的第 0 个元素，它也是一个列表。可以通过 s[0][1]这样的二级索引来访问数据。可以使用列表 s 表示下面的矩阵。矩阵的行对应列表 s 的一个元素。

$$\begin{bmatrix} 1 & 2 & 3 \\ 4 & 5 & 6 \\ 7 & 8 & 9 \end{bmatrix}$$

（2）使用 list()函数将其他数据类型的数据转换成一个列表，如：

```
s3 = list()                    # 创建一个空列表
s4 = list(range(1, 10, 2))     # 创建一个有一些值的列表
s5 = list('Python 程序设计')    # 创建一个元素是字符的列表
```

使用不带参数的 list()函数可以创建一个空列表。list()函数的参数可以是一个可迭代对象，如列表、元组、字符串、集合，以及 range()函数返回的对象，等等。上面的例子中，s4 和 s2 所对应的列表相等，而 s5 对应的列表为：

```
['P', 'y', 't', 'h', 'o', 'n', '程', '序', '设', '计']
```

（3）使用列表推导式来生成一个列表，如：

```
s6 = [i for i in range(5)]
s7 = [i*i for i in (1, 2, 3, 4)]
```

列表推导式的具体设计方法，我们会在后面的章节中具体讲解。上面的例子中 s6 和 s7 对应的列表分别为：

```
[0, 1, 2, 3, 4]
[1, 4, 9, 16]
```

5.3.2 修改列表内容

1. 元素赋值

利用索引值选择特定的元素进行赋值操作，可以修改列表中某一个元素的值。

```
>>> s = [1, 3, 5, 7, 9, 11, 13]
>>> s[2]=10
>>> s
[1, 3, 10, 7, 9, 11, 13]
```

需要注意的是，不可以对不存在的元素进行赋值。当元素的索引值超出其取值范围时，就会产生一个错误。

2. 切片赋值

前面的章节中，我们学习了序列的切片。元素赋值可以修改单个元素的值，而利用切片赋值可以修改列表中多个元素的值。此时，赋值语句的右侧需要一个可迭代对象，如列表、字符串等。

```
>>> s = [1, 3, 5, 7, 9, 11, 13]
>>> s[1:-1]=[0]*10
>>> s
[1, 0, 0, 0, 0, 0, 0, 0, 0, 0, 0, 0, 13]
```

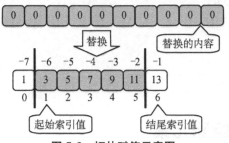

图 5-6　切片赋值示意图

如图 5-6 所示，上面的例子中，切片 s[1:-1] 是除去 s[0] 和 s[-1] 之外中间的部分。使用具有 10 个元素 0 的列表对其进行替换。更新后的列表 s 如例子中的结果所示。替换的内容和原切片长度可以相同，也可以不同。如果替换的内容是空列表，相当于将列表中的切片部分删除。

切片赋值的时候，还可以带步长，如图 5-7 所示。此步长的含义和我们前面学习过的带步长的切片相同。继续上面的例子：

```
>>> s[1:-1:3]=[2, 4, 6, 8]
>>> s
[1, 2, 0, 0, 4, 0, 0, 6, 0, 0, 8, 13]
```

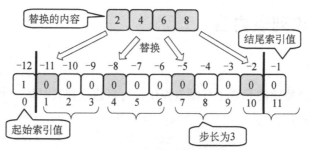

图 5-7　带步长的切片赋值示意图

在进行带步长的切片赋值时，需要注意的是，替换的内容的长度必须和原切片内容的长度相对应，才能实现元素的一一替换，否则会出错。

3. 元素的排序和倒置

列表通过两个方法来实现这些功能。列表元素的升序排序方法的使用形式为：

列表.sort()

列表元素的升序排序方法的使用形式为：

列表.reserve()

这两个方法，通过改变列表中各元素的位置来修改原列表。

```
>>> s = [85, 93, 60, 100, 55]
>>> s.sort()
>>> s
[55, 60, 85, 93, 100]
>>> s.reverse()
>>> s
[100, 93, 85, 60, 55]
```

5.3.3　添加和删除元素

列表的内容可以修改，列表的长度也可以修改。在前面我们学习了切片赋值（不带步长），根据替换内容的长度不同，我们修改列表内容的同时，也修改了原列表的长度。Python 中还有专门的操作来改变列表的长度，给列表添加和删除元素。

1. 添加元素

使用列表的 append()方法，可以在列表末尾追加一个元素，其使用形式为：

列表.append（元素值）

使用列表的 extend()方法，可以在列表的末尾追加多个元素，其使用形式为：

列表.extend（可迭代对象）

使用列表的 insert()方法，可以在列表的指定位置插入一个元素，其使用形式为：

> 列表.insert（索引值，元素值）

下面的例子是三个方法的应用实例：

```
>>> s=[1, 3, 5]
>>> s.append(9)
>>> s
[1, 3, 5, 9]
>>> s.extend([2, 4, 6, 8, 10])
>>> s
[1, 3, 5, 9, 2, 4, 6, 8, 10]
>>> s.insert(3,7)
>>> s
[1, 3, 5, 7, 9, 2, 4, 6, 8, 10]
```

其中，s.extend(t)方法看似和加号（+）连接两个序列的操作一样。实际上，使用加号（+）连接两个列表时，产生了一个新的列表，原来两个列表没有任何变化。而 s.extend(t)方法则将 t 连接到列表 s 的尾部。执行该方法的列表 s 发生了改变。并且，只有相同序列类型的数据才可以使用加号（+）连接。而使用 s.extend(t)方法时，t 可以是列表、字符串等可迭代对象，内容都会转化成列表连接到列表 s 尾部。如上面例子中的语句 "s.extend([2, 4, 6, 8, 10])" 可以替换为 "s.extend(range(2,11,2))"。

2. 删除元素

（1）del 语句

可以使用 del 语句删除列表中的一个元素，其使用形式为：

> del 列表[索引值]

其用于删除指定索引值对应的元素。如果要一次删除多个元素时，需要用到切片：

> del 切片

切片的使用方法在前面的章节中已经学过，下面是使用 del 语句的例子：

```
>>> s=[1, 2, 3, 4, 5, 6]
>>> del s[4]
>>> s
[1, 2, 3, 4, 6]
>>> del s[1:-1]
>>> s
[1, 6]
```

当然，切片也可以使用步长。不管如何，使用 "del 切片" 语句后，原列表就只包含除去切片后剩下的元素。

若使用 "del 列表" 语句还可以删除整个列表。它实际上删除的是列表变量，也就是列表对象的引用。当然，del 语句也可以删除其他类型的变量。

（2）删除方法

使用列表的 remove()方法也可以删除列表的某个元素，其使用形式为：

列表.remove（元素值）

使用 remove()方法删除的是首次出现的其值为指定值的元素。它的参照物是元素的值，而不是索引。

```
>>> s=[1, 2, 3, 4, 5, 6]
>>> s.remove(4)
>>> s
[1, 2, 3, 5, 6]
```

例子中 remove()方法的参数指的是删除的元素，其值为 4，并不是该元素索引值为 4。注意，如果参数选取的值不在列表中，会生成一个错误。

（3）弹出方法

使用列表的 pop()方法，可以获取列表中的指定元素，并将该元素从列表中删除。其使用形式为：

列表.pop(<索引值>)

该方法使用后可以返回索引值指定的元素，同时在列表中删除该元素，相当于从列表中弹出该元素。若 pop 方法不带参数，则默认为最后一个元素。如：

```
>>> s = [1, 3, 5, 7, 9]
>>> s.pop(2)
5
>>> s.pop()
9
>>> s
[1, 3, 7]
```

（4）清空方法

使用列表的 clear()方法，可以删除列表的所有元素，使其变成一个空列表。其使用形式为：

列表.clear()

如：

```
>>> s=[1, 2, 3, 4, 5, 6]
>>> s.clear()
>>> s
[]
```

需要注意的是，clear()方法和"del 列表"语句不同。使用 clear()方法后，原列表还存在，只是元素都没有了，成了一个空列表。而"del 列表"语句则将列表变量也删除了。

5.3.4 复制列表

使用列表的 copy()方法，可以复制列表，从而产生一个和原列表一模一样的列表。其使用形式为：

列表.copy()

该方法返回一个新列表。

```
>>> s=[1, 2, 3, 4, 5, 6]
>>> t=s.copy()
>>> t
[1, 2, 3, 4, 5, 6]
```

在前面的章节中，我们学习过，使用省略两个索引值的切片，相当于复制序列。所以，语句"t = s.copy()"可以替换为"t = s[:]"，它们的执行效果相同。

需要注意的是，由于 Python 中的变量都是对象的引用，如果直接将一个保存了列表的变量赋值给另一个变量，实际两个变量都引用了同一个列表。如果其中一个变量中的列表内容改变了，通过另一个变量也可以看到这个修改。如果想要让两个变量拥有各自的列表，就需要复制一个新的列表。若有如下代码：

```
>>> a = [1, 3, 5]
>>> b = a
>>> b
[1, 3, 5]
>>> c = [2, 4, 6]
>>> d = c.copy()
>>> d
[2, 4, 6]
```

则其内存中的情况如图 5-8 所示。虽然从程序的运行结果来看，b 的内容同 a，d 的内容同 c，好像两者效果一样。但实际上，a 和 b 是同一个列表对象的引用，而 c 和 d 是不同列表对象的引用。所以，当我们修改列表 b 时，列表 a 同步改变，而修改列表 d 不会影响列表 c。

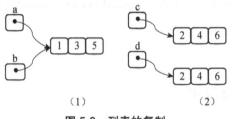

（1）　　　　　　　　　　（2）

图 5-8　列表的复制

继续上面的例子：

```
>>> b[1]=9
>>> b
[1, 9, 5]
>>> a
[1, 9, 5]
>>> d[1]=10
>>> d
[2, 10, 6]
>>> c
[2, 4, 6]
```

发现修改 b[1]后，a[1]也随之发生了改变，而修改 d[1]后，c[1]没有任何改变。

5.3.5 列表推导式

Python 的强大特性之一是对列表的解析，也就是利用列表推导式从一个或者多个列表快速简洁地创建另一个列表。它将循环和条件判断相结合，比 for 语句更精简，运算更快。

1. 简单列表推导式

最基本的列表推导式，使用形式为：

[表达式 for 变量 in 可迭代对象]

一般来说，表达式中包含变量，使用一个 for 循环的结构，利用变化的变量值，计算出变化的表达式值，构建出列表的各个元素。如下面的例子：

```
>>> [i for i in range(5)]
[0, 1, 2, 3, 4]
>>> [abs(i) for i in (-22, 25, 31, -4)]
[22, 25, 31, 4]
```

【例 5-5】编程求 $1-\dfrac{1}{2}+\dfrac{1}{3}-\dfrac{1}{4}+\ldots-\dfrac{1}{10}$ 的值。

分析：生成一个列表 $\left[1,-\dfrac{1}{2},\dfrac{1}{3},-\dfrac{1}{4},\cdots,-\dfrac{1}{10}\right]$，然后对列表的元素使用内置函数 sum()求和，并打印。代码如下：

```
#lt5-5-sum.py
print('s={:.2f}'.format(sum([1 / i if i % 2 == 1 else -1 / i for i in range(1, 11)])))
```

程序运行的结果为：

```
s=0.65
```

2. 带条件的列表推导式

列表推导式还可以加上选择的条件，带 if 的列表推导式，其使用形式如下：

[表达式 for 变量 in 可迭代对象 if 条件]

在遍历的过程中，符合条件的变量才进行表达式的计算，并生成列表的元素。如下面的例子：

```
>>> [i*i for i in (9, 2, 7, 5) if i % 2==1]
[81, 49, 25]
>>> [i for i in 'Answer the question in English' if i.lower() in 'aeiou']
['A', 'e', 'e', 'u', 'e', 'i', 'o', 'i', 'E', 'i']
```

3. 双重循环的列表推导式

列表推导式中，可以两次使用 for 循环，其使用形式如下：

[表达式 for 变量 1 in 可迭代对象 1 for 变量 2 in 可迭代对象 2]

其效果和双重循环类似，如下面的例子：

```
>>> [i+j for i in 'ABC' for j in '123']
['A1', 'A2', 'A3', 'B1', 'B2', 'B3', 'C1', 'C2', 'C3']
```

5.3.6 列表操作举例

【例 5-6】设计一个计算评委评分的程序，输入 10 个评委的评分，去掉一个最高分，再去掉一个最低分，然后将剩下的评分计算平均分后，得到最终得分。

```
#lt5-6-score.py
a = []
for i in range(10):
    a.append(eval(input(f'请输入第{i+1}个评委评分：')))
s = max(a)
print(f'去掉一个最高分：{s}')
a.remove(s)
s = min(a)
print(f'去掉一个最低分：{s}')
a.remove(s)
print('评委评分：', end = '')
for i in a:
    print(f'{i} ', end = '')
print(f'\n最终得分：{sum(a) / len(a):.2f}')
```

程序的运行结果如下：

```
请输入第 1 个评委评分：9.5
请输入第 2 个评委评分：7.8
请输入第 3 个评委评分：6.3
请输入第 4 个评委评分：9.2
请输入第 5 个评委评分：7.7
请输入第 6 个评委评分：5.5
请输入第 7 个评委评分：7
请输入第 8 个评委评分：8
请输入第 9 个评委评分：7.2
请输入第 10 个评委评分：9.1
去掉一个最高分：9.5
去掉一个最低分：5.5
评委评分：7.8 6.3 9.2 7.7 7 8 7.2 9.1
最终得分：7.79
```

【例 5-7】一副扑克牌一共有 56 张，包括大王、小王和 52 张正牌。正牌有 4 个花色，每个花色包括从 1~10（1 通常表示为 A）及 J、Q、K 标示的 13 张牌。设计一个自动发牌的程序，为 3 位玩家每人发 4 张牌。

```
#lt5-7-poker.py
import random
ranks = [str(n) for n in range(2,11)] + list('JQKA')
suits = ['♥', '♠', '♦', '♣']
cards = [a+b for a in suits for b in ranks]
```

91

```
cards.extend(['★','☆'])    #表示扑克牌中的大王，小王
random.shuffle(cards)
player = [[], [], []]
for i in range(4):
    for j in range(3):
        player[j].append(cards.pop(0))
for i in range(3):
    print(f'玩家{i+1}的牌：',end='')
    for j in player[i]:
        print(j, end=' ')
    print()
```

程序的运行结果如下：

```
玩家1的牌：♠6 ♠9 ♣J ♦9
玩家2的牌：♠10 ♦A ♣3 ♦4
玩家3的牌：♥Q ♦8 ♣10 ♣Q
```

注意：使用了 random 库，每次运行的结果有所不同。

 5.4   元组

序列类型具体包括三种类型：字符串、列表和元组。列表是可修改的任何类型数据的序列；字符串是不可修改的字符序列；元组则是不可修改的任何类型数据的序列。元组的结构和列表类似，但它是不可变的，一旦创建就不能被修改。

5.4.1   创建元组

创建元组有以下两种方法。

（1）直接使用元组的字面量来创建元组，如：

```
s1 = ()                   # 创建一个空元组
s2 = 1, 3, 5, 7, 9        # 创建一个有一些值的元组
s3 = (1, 3, 5, 7, 9)      # 创建和 s2 相同的一个元组
s4 = (78, )               # 创建一个只有单个元素的元组
```

没有包含任何内容的一对圆括号可以表示一个空元组。

使用逗号分隔一些值，就创建了一个元组。这些值可以使用一对圆括号括起来，也可以不用。

当要创建只包含一个元素的元组时，我们也需要用到逗号，否则该元素会被当成单值。如下面的例子。

```
>>> (78) * 5
390
>>> (78,) * 5
(78, 78, 78, 78, 78)
```

前者(78)是单值,做的是乘法的操作。后者(78,)是包含一个元素的元组,做的是重复序列的操作。

元组的元素可以是任何类型的,当然也可以是序列类型。类似于多维的列表,使用的元素是元组的元组,可以构建多维的元组。如:

```
s = ((1, 2, 3), (4, 5, 6), (7, 8, 9))
```

访问元素的方法和列表类似,但是这个元组的内容是不可以改变的。

(2)使用 tuple()函数将其他数据类型的数据转换成一个元组,如:

```
s1 = tuple()                    # 创建一个空元组
s2 = tuple([1, 3, 5, 7, 9])
s3 = tuple(range(1, 10, 2))
s4 = tuple('Python 程序设计')
```

使用不带参数的 tuple()函数可以创建一个空元组。tuple()函数的参数可以是一个可迭代对象,如列表、元组、字符串、集合,以及 range()函数返回的对象,等等。

创建了元组以后,如果只是读取元组的元素,其使用方法和列表基本相同。元组类型是序列类型之一,序列的通用操作都适用于元组。

表面上看,元组就是一个一旦创建就不能改变的列表,似乎可以使用列表来取代元组。通常情况下,的确如此。但实际上,元组也有其不可取代性。如元组可以实现函数的多值返回、多变量赋值、元组可以作为字典的键值等(这些内容在后面的章节中会学习到)。并且,在表达固定的数据项、实现循环遍历等情况中,使用元组不需要引入额外的处理列表可变数据的代码,从而避免不必要的开销,提高程序的性能。

5.4.2 序列封包与解包

序列的封包和解包实现了多个值和序列整体之间的转换。

1. 序列封包

把多个值赋值给一个变量时,Python 会自动地把多个值封装成元组,称为序列封包。如下面的例子:

```
>>> s = 1, 3, 5, 7, 9
>>> s
(1, 3, 5, 7, 9)
>>> type(s)
<class 'tuple'>
```

2. 序列解包

把一个序列(列表、元组、字符串等)直接赋给多个变量,此时会把序列中的各个元素依次赋值给每个变量,但是元素的个数需要和变量个数相同,这称为序列解包。如下面的例子:

```
>>> s = ['哪吒', 'M', 3, 100]
>>> name, sex, age, energy = s
>>> name
'哪吒'
>>> sex
'M'
>>> age
3
>>> energy
100
```

需要注意的是，变量的个数必须与元素的个数相同，否则会出错。这时候我们可以使用星号（*）来解决这个问题，如：

```
>>> s = ['哪吒', 'M', '0571-12345678', '18005710000']
>>> name, sex, *phone = s
>>> name
'哪吒'
>>> sex
'M'
>>> phone
['0571-12345678', '18005710000']
```

最后一个变量 phone 带了星号，可以收集序列中剩下的所有元素，并组成一个新的列表。如上面的例子中，通信录中的电话号码可能有多个，都存放在了变量 phone 中。

实际上，只要是可迭代对象，都可以进行"解包"的操作。

5.5　集合

Python 中的集合和数学中的概念类似，由一系列元素组成。不同于前面学习的序列类型，集合类型中的元素是无序并不可重复的。集合虽然也是可变类型，但集合中的元素必须是不可变类型，如数值类型、字符串类型、元组类型等。列表、集合等可变类型数据都不能作为集合的元素。表 5-3 列出了关于集合的基本操作描述。

表 5-3　集合的操作

操　作	描　　述
for i in s:	遍历集合 s
x in s	如果 x 是集合 s 的元素，返回 True，否则返回 False
x not in s	如果 x 不是集合 s 的元素，返回 True，否则返回 False
s1 == s2	如果集合 s1 和集合 s2 包含了相同的元素，返回 True，否则返回 False
s1 != s2	如果集合 s1 和集合 s2 包含了相同的元素，返回 False，否则返回 True
s1 <= s2	如果集合 s1 是集合 s2 的子集，返回 True，否则返回 False
s1 < s2	如果集合 s1 是集合 s2 的真子集，返回 True，否则返回 False

操　作	描　述
s1 >= s2	如果集合 s1 是集合 s2 的超集，返回 True，否则返回 False
s1 < s2	如果集合 s1 是集合 s2 的真超集，返回 True，否则返回 False
s1 | s2	并集操作，生成一个新集合，包含集合 s1 和 s2 中所有的元素
s1 & s2	交集操作，生成一个新集合，包含集合 s1 和 s2 中共同拥有的元素
s1 - s2	差集操作，生成一个新集合，包含在集合 s1 中，但不在 s2 中的元素
s1 ^ s2	对称差，生成一个新集合，包含集合 s1 和 s2 中除共同元素之外的元素
len(s)	计算集合 s 的元素个数（计算集合的长度）
min(s)	计算集合 s 的最小元素
max(s)	计算集合 s 的最大元素
set(t)	将其他类型的数据转换成集合（t 是可迭代对象，如列表等）
s.add(x)	将元素 x 添加到集合 s 中
s.clear()	删除集合 s 中的所有元素，使其成为一个空集合
s.copy()	生成一个新的集合，复制集合 s 中所有的内容
s.pop()	获取集合 s 中的一个元素，并删除该元素
s.remove(x)	删除集合 s 中值为 x 的元素

不同于序列，集合中的元素是无序的，所以索引在集合中无意义。相应地，切片操作也无法在集合中使用。

表 5-3 中部分操作与序列的通用操作，以及列表的特有操作相同，使用方法可以参照前面的章节内容。

5.5.1　创建集合

创建集合有以下两种方法。

（1）直接使用集合的字面量来创建集合，如：

```
s1={'red', 'green', 'blue', 'orange', 'yellow'}
s2={'red', 'green', 'blue', 'orange', 'red', 'yellow'}        # 创建和 s1 相等的一个集合
```

集合的字面量用一对大括号"{}"表示，其中元素之间用逗号（,）分隔。集合是可变类型的。各个元素的类型可以相同，也可以不同。但是元素是无序的，并且不可以重复。所以在上面的例子中，s2 集合在创建时虽然有两个元素值都是"red"，但实际创建的集合只会包含一个元素"red"，自动将重复的元素删除。

需要注意的是，没有包含任何内容的一对大括号不可以表示一个空集合，它是用来创建一个空字典的。

（2）使用 set() 函数将其他数据类型的数据转换成一个集合，如：

```
s1 = set()                        # 创建一个空集合
```

```
s2 = set([1, 3, 5, 7, 9])
s4 = set('Python 程序设计')
```

使用不带参数的 set()函数可以创建一个空集合。set()函数的参数可以是一个可迭代对象，如列表、元组、字符串、集合，以及 range()函数返回的对象，等等。

5.5.2　添加和删除元素

1.　添加元素

不同于有序的列表，无序的集合是通过 add()方法向集合中添加一个元素的，其使用形式为：

集合.add（元素）

需要注意的是，如果使用该方法添加的元素已经存在于集合中，则不能再次添加该元素，相当于不进行任何操作。如下面的例子：

```
>>> s = {1, 3, 5, 7, 9}
>>> s.add(2)
>>> s.add(3)
>>> s
{1, 2, 3, 5, 7, 9}
```

元素 2 添加到集合 s 中了，但是元素 3 不能重复添加。也就是说集合的添加操作会自动过滤重复元素，这是一个非常不错的功能。

2.　删除元素

集合的 remove()方法、clear()方法和列表的相应方法在使用形式上基本相同。

类似列表的 pop()方法，使用集合的 pop()方法也可以获取集合的一个元素，并将其从集合中删除。但由于集合是无序的，它没有索引的概念，不能指定提取哪一个元素。所以，使用集合的 pop()方法，无须参数，获取并删除的元素是系统决定的。其使用形式为：

集合.pop()

如下面的例子：

```
>>> s = set('Python 程序设计')
>>> s
{'t', 'o', '序', '计', 'P', 'h', 'y', '程', 'n', '设'}
>>> s.pop()
't'
>>> s
{'o', '序', '计', 'P', 'h', 'y', '程', 'n', '设'}
```

5.5.3　集合的运算符

集合的运算包括成员资格、关系运算，以及并集、交集等运算。判断成员资格的方法和前面章节中学习的序列成员资格判断法相同。

1. 关系运算

关系运算符（==）和（!=）可以用来判断两个集合是否相等。由于集合中的元素是无序的，所以只要两个集合包含的元素完全相同，就可以判断两个集合相同。

和数学中的集合一样，Python 中的集合也有子集和超集的概念。如果集合 a 中的元素，集合 b 中都有，则 a 是 b 的子集，b 是 a 的超集。若 b 中还至少有一个元素，是 a 中没有的，那么 a 是 b 的真子集，b 是 a 的真超集。使用关系运算可以判断两个集合之间是否存在子集或超集的关系，规则如下：

（1）如果集合 s1 是集合 s2 的子集，s1<=s2 为 True，否则为 False。

（2）如果集合 s1 是集合 s2 的真子集，s1<s2 为 True，否则为 False。

（3）如果集合 s1 是集合 s2 的超集，s1>=s2 为 True，否则为 False。

（4）如果集合 s1 是集合 s2 的真超集，s1<s2 为 True，否则为 False。

2. 集合特有的运算

在集合中有 4 种特有的运算：并集（|）、交集（&）、差集（-）、对称差（^），它们的操作逻辑和数学中的集合相同，如图 5-9 所示。图中 A 和 B 分别表示两个集合，而阴影部分是集合运算的结果。

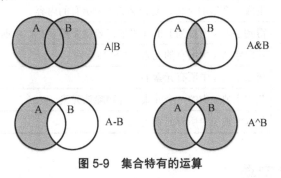

图 5-9　集合特有的运算

 ## 5.6　字典

前面章节中学习的列表是 Python 中重要的数据类型，被大量使用。列表是有序的数据结构。列表中的每一个元素都有索引。通过索引可以快速方便地访问对应的元素。列表的索引是整数编号。而这一节我们要学到的字典类型（dict），它是映射类型。字典中的元素没有顺序。但每一个元素的键（key）都有一个与之对应的值（value）。所以，字典的元素是一个个"键-值对"，形式为"键:值"。

就像现实中的字典，我们可以通过选定某个字（键），从而找到它的定义（值）。Python 中的字典可以通过元素的键快速地访问对应的元素值。这里的键就是字典的索引。

字典类型是可变类型，但字典元素的键必须是不可变类型的，并且元素的键必须互不相同。这些特点和集合有相似之处，但字典通过键作为索引可以访问特定的元素值，集合却不可以。

下面列举的情况中，使用字典来实现比列表等数据结构更加方便。

（1）通信录：使用姓名作为字典元素的键，电话号码等信息作为元素的值。

（2）棋盘的状态：使用棋盘格子的一对坐标值（x，y）组成元组，作为字典元素的键，而该棋盘格子的棋子信息作为元素的值。

字典的操作及描述如表 5-4 所示。

表 5-4　字典的操作

操　　作	描　　述
for k in s:	遍历字典 s 中元素的键（key）
s[k]	引用字典 s 中键为 k 的元素
s[k] = x	将字典 s 中键为 k 的元素赋值为 x，或向 s 中添加元素 k:x
del s[k]	删除字典 s 中键为 k 的元素
k in s	如果 k 是字典 s 中元素的键，返回 True，否则返回 False
k not in s	如果 k 不是字典 s 中元素的键，返回 True，否则返回 False
s.clear()	删除字典 s 中的所有元素，使其成为一个空字典
s.copy()	生成一个新的字典，复制字典 s 中所有的内容
s.get(k,<x>)	得到字典 s 中键为 k 的元素值，若键 k 不存在，则返回 x
s.items()	获取字典 s 中所有的元素（"键-值"对）
s.keys()	获取字典 s 中所有元素的键
s.popitem()	获取字典 s 中的一个元素，并删除该元素
s.values()	获取字典 s 中所有元素的值

5.6.1　创建字典

创建字典有以下两种方法。

（1）直接使用字典的字面量来创建字典，如：

```
s1={ }                                    # 创建一个空字典
s2={'中国': 960, '美国': 937, '日本': 38}
s3={'中国': 960, '美国': 930, '日本': 38, '美国': 937}
```

字典的字面量用一对大括号"{}"表示，其中元素之间用逗号（,）分隔。元素的形式是"键:值"。字典中的元素无序，元素的键必须是不可变类型的，并且不可以重复。所以在上面的例子中，s3 字典在创建时虽然有两个元素的键都是"美国"，但实际创建的字典只会包含一个键为"美国"的元素，且元素的值以最后一个为准。所以上面例子中，s2 和 s3 是相等的字典。

（2）使用 dict()函数将其他数据转换成一个字典，如：

```
s1 = dict()                          # 创建一个空字典
s2 = dict({'c': 45, 'm': 41, 'f': 10})    # 用其他映射（比如字典）创建字典
s3 = dict([('c', 45), ('m', 41), ('f', 10)])  # 用元素是元组（键，值）的列表创建字典
s4 = dict(c = 45, m = 41, f = 10)    # 用关键字参数来创建字典
```

使用不带参数的 dict()函数可以创建一个空字典。带参数的 dict()函数也可以将其他数据转化成字典。上面的例子中产生的 s2、s3 和 s4 字典都是相等的。

5.6.2　字典的基本操作

1. 获取元素的值

与列表相似，Python 中的字典也有非常灵活的操作方法。列表通过索引来访问元素。而在字典中，每个元素就是一个"键-值"对。元素的键就是字典元素的索引。利用元素的键就可以访问字典的单个元素，使用形式为：

```
字典[键]
```

如下面表示国家国土面积的例子：

```
>>> s={'中国': 960, '美国': 937, '日本': 38}
>>> s['中国']
960
```

2. 遍历字典

和其他组合数据类型一样，字典也可以通过 for 循环遍历其中的元素。需要注意的是，字典遍历的是元素的键，若要获取元素的值，可以使用"字典[键]"来得到。如下面的例子：

```
s={'中国': 960, '美国': 937, '日本': 38}
for i in s:
    print("{}的国土面积是{}万平方公里".format(i,s[i]))
```

程序运行后，得到的结果为：

```
中国的国土面积是 960 万平方公里
美国的国土面积是 937 万平方公里
日本的国土面积是 38 万平方公里
```

3. 修改或添加元素

字典的内容或是长度都是可变的，随时可以向字典中添加新的"键-值"对，或者修改现有元素的键所关联的值。添加和修改元素的方法相同，使用形式为：

```
字典[键] = 值
```

区别添加和修改的方法是：

（1）如果提供的键在原字典中已经存在，则修改当前元素的键所关联的值。

（2）如果提供的键在原字典中不存在，则直接按提供的键和值，添加一个元素。

```
>>> s={'中国': 960, '美国': 937, '日本': 37}
>>> s['日本'] = 38
>>> s['加拿大'] = 996
>>> s
{'中国': 960, '美国': 937, '日本': 38, '加拿大': 996}
```

依据字典的键对元素进行修改和添加，这是字典的一大优势。

4. 删除元素

删除字典元素的方法，和列表的操作类似，使用形式为：

```
del 字典[键]
```

同样地，字典也有相应的一些方法来删除元素。我们在后面的内容中会学习到。

5.6.3 字典的方法

字典的 copy()、clear()等方法，使用起来和列表的相应方法相同，大家可以根据前面学习的内容，进行操作。由于字典的元素是"键-值"对，它的其他相关方法，有其特有的操作方式。

1. 获取字典的整体信息

使用字典的 items()方法，可以获取字典中所有的元素（"键-值"对）。其使用形式为：

```
字典.items()
```

使用字典的 keys()方法，可以获取字典中所有元素的键。其使用形式为：

```
字典.keys()
```

使用字典的 values()方法，可以获取字典中所有元素的值。其使用形式为：

```
字典.values()
```

以上三个方法返回的都是可迭代对象，可以作为 for 循环的遍历结构，也可以通过list()、set()等函数将其转换为其他类型的数据。

2. 获取字典单个元素的信息

使用字典的 get()方法，可以获取字典中键对应的元素值，若提供的键在字典中不存在，则返回提供的默认值（该参数可选）。其使用形式为：

```
字典.get（键，<默认值>）
```

字典的 pop()方法和 get()方法类似，可以获取字典中键对应的元素值。它们的区别是

pop()同时会把该元素从字典中删除。其使用形式为：

字典.pop（键，<默认值>）

字典的 popitem()方法和集合的 pop()方法类似，可以获取字典的一个元素（"键-值"对），并将其从字典中删除。其使用形式为：

字典.popitem()

小　结

本章主要介绍了组合数据类型中的列表、元组、集合和字典等类型及其基本操作。列表、元组，以及字符串都属于序列类型，它们有一些共同的序列类型操作方法，也有各自特有的操作方法。集合和字典作为两种数据容器，也各有自己的特色。

习　题

一、判断题

1．字符串、列表和元组都属于序列类型。　　　　　　　　　　　　　　　（　　）

2．通过索引的方式，可以访问字符串的某个字符，也可以修改字符串中的某个字符。　　　　　　　　　　　　　　　　　　　　　　　　　　　　　　（　　）

3．元组可以作为字典的"键"。　　　　　　　　　　　　　　　　　　　（　　）

4．集合中的元素不允许重复。　　　　　　　　　　　　　　　　　　　　（　　）

5．列表的元素也可以是列表。　　　　　　　　　　　　　　　　　　　　（　　）

6．列表中所有元素必须为相同类型的数据。　　　　　　　　　　　　　　（　　）

7．字典中，元素的"值"不允许重复。　　　　　　　　　　　　　　　　（　　）

8．可以删除集合中指定位置的元素。　　　　　　　　　　　　　　　　　（　　）

二、单选题

1．下列选项中，（　　）可以得到 "['A', 'B', 'C']"。

A．list('ABC')　　　　　　　　　　　　B．tuple('ABC')

C．set('ABC')　　　　　　　　　　　　D．以上都不是

2．若要创建一个空集合，可以使用语句（　　）。

A．s = [ ]　　　　　　　　　　　　　　B．s = ()

C．s = { }　　　　　　　　　　　　　　D．s = set()

3．已知 s = [1, 2, 3, 4, 5, 6, 7, 8, 9, 10]，则 s[:-3]的值（　　）。

A．[1, 2, 3, 4, 5, 6, 7]   B．[8, 9, 10]

C．[8]   D．8

4．若 s[3]是一个正确的表达式，则 s 不可能是（   ）类型。

A．列表   B．元组

C．集合   D．字典

5．如果要将 x 添加到列表 s 中，并且作为 s 的首个元素，则下列语句中正确的是
（   ）。

A．s.insert(0, x)   B．s.append(0, x)

C．s.add(1, x)   D．s.entend(1, x)

三、编程题

1．输入若干个正整数，输出它们的最大值和最小值。

2．输入一个列表，判断该列表是否包含重复的元素，并将重复的元素删除。最后输出判断结果，以及删除重复元素后的列表。

3．随机生成密码，要求密码长度为 8 位。密码字符包括字母（区分大小写）和数字。

4．编程求 $1 - \dfrac{1}{3} + \dfrac{1}{5} - \dfrac{1}{7} + \cdots - \dfrac{1}{n}$ 的值，n 的值由键盘输入。

第6章 函数

本章学习要求

➢ 模块化程序设计思想

➢ 掌握函数的定义和调用方法

➢ 了解 lambda 函数

➢ 掌握函数的参数传递过程

➢ 掌握变量的作用域

➢ 理解递归的定义，及函数的递归调用

6.1 函数概述

我们通过一个简单的例子来介绍模块化程序设计方法。

【例 6-1】已知五边形各条边及其中两条对角线的长度，如图 6-1 所示，请计算五边形的面积。

计算三角形面积的公式是 $s = \sqrt{x(x-a)(x-b)(x-c)}$，其中 $x = \dfrac{1}{2}(a+b+c)$。五边形由三个三角形组成，总面积为 $s = s1 + s2 + s3$（注：字母正斜体与下面代码一致）。

程序代码如下：

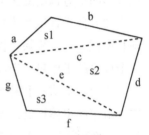

图 6-1 五边形图形

```
#lt6-1-a-pentagon.py
import math
a,b,c,d,e,f,g=9,11,18,13,14,7,8
x=1/2*(a+b+c)
s1=math.sqrt(x*(x-a)*(x-b)*(x-c))
x=1/2*(c+d+e)
s2=math.sqrt(x*(x-c)*(x-d)*(x-e))
x=1/2*(e+f+g)
s3=math.sqrt(x*(x-e)*(x-f)*(x-g))
s=s1+s2+s3
print("五边形面积为{:.2f}".format(s))
```

可以看出，每计算一个三角形的面积，就要计算一次 x 和面积。多个三角形，就要写多段这样的程序，这使得程序的开发效率很低。使用模块化程序设计方法就可以解决这类问题。模块化程序设计方法将复杂的问题进行细化，分解成若干个功能模块逐一实现，最后再将这些程序模块组合起来实现最初的设计目标。

求三角形的面积，可定义一个函数：

```
def area(x, y, z):
    c=1 / 2 * (x + y + z)
    s=math.sqrt(c * (c - x) * (c - y) * (c - z))
    return s
```

在程序中，进行三次函数的调用，得到三个三角形的面积：

```
s1=area(a, b, c)
s2=area(c, d, e)
s3=area(e, f, g)
```

上面定义的函数，是一段能够完成一定任务的、相对独立的、可以重用的语句组，也可以被看作是一段具有名字的子程序。

函数能够完成特定的功能，对函数的使用不需要了解函数内部实现的原理，只要了解函数的使用方法即可。上面的例子是我们自己编写的，称为自定义函数。其实 Python 自带了一些函数和方法，包括 Python 内置的函数（如 eval()、int()函数）、Python 标准库中的函数（如 math 库中的 sqrt()函数）等。我们在前面的章节中已经学习了其中的一部分

使用函数进行程序设计的优点如下。

（1）简化程序设计。将经常需要执行的一些操作写成函数后，用户就可以在需要执行此操作的地方调用此函数。

（2）便于调试和维护。将一个庞大的任务划分为若干功能相对独立的小模块，便于管理和调试。每个模块可以由不同的人员分别实现，调试每个单元的工作量将远远小于调试整个程序的工作量。当需要更新程序功能时，只需要改动相关函数即可。

使用函数进行程序设计时，一个完整的 Python 语言程序由若干个函数和程序主体组成。由程序主体根据需要调用其他函数来实现相应功能，调用的关键在于函数之间的数据传递。而对于每一个函数内部，它仍然由顺序、选择和循环 3 种基本结构组成。

改写例 6-1，使用函数完成相应的功能，完整的程序如下：

```
#lt6-1-b-pentagon.py
import math
def area(x, y, z):                          #函数定义
    c=1 / 2 * (x + y + z)
    s=math.sqrt(c * (c - x) * (c - y) * (c - z))
    return s
a,b,c,d,e,f,g=9,11,18,13,14,7,8
s1 = area(a, b, c)                          #函数调用
s2 = area(c, d, e)                          #函数调用
s3 = area(e, f, g)                          #函数调用
s = s1 + s2 + s3
```

```
print("五边形面积为{:.2f}".format(s))
```

 ## 6.2 函数的定义和调用

6.2.1 函数的定义

Python 使用 def 保留字定义一个函数，其形式如下：

```
def 函数名(形参):
    函数体
```

说明：

（1）函数名是一个标识符，遵循命名规则。

（2）形参（形式参数）可以有 0 个、1 个或者多个，表示该函数被调用时所需要传递的一些必要的信息。如果不需要传递任何信息，形参可以省略，这样的函数是无参数的函数；如果有多个形参，参数之间用逗号分隔。如例 6-1 中的 area 函数就有 3 个参数。

（3）函数体是实现函数功能的代码，按照 Python 的规则，需要相对于 def 关键字进行缩进，表示代码的层次关系。

（4）所有代码分函数内和函数外两种，函数的定义可以出现在代码的任何部分，每个函数各自独立。但是函数的定义必须出现在调用该函数的语句之前。

6.2.2 函数的调用

定义函数的目的是让其被调用以实现其特定的功能，其使用形式为：

```
函数名(实参)
```

说明：

（1）函数名就是定义函数时使用的函数名。

（2）实参（实际参数）是调用函数时，向函数传递的具体信息数据。一般情况下，它的个数和位置与定义时的形参相对应。如果定义函数时没有形参，则调用函数时也没有实参。

（3）函数调用可以单独作为一行语句，也可以作为语句的一部分出现，根据需要进行设计。具体内容在 6.2.3 中学习。

下面结合例 6-1，具体分析一下函数调用时的程序执行流程，area()函数的一次调用过程如图 6-2 所示。函数只有在被调用时才会被执行。所以，虽然函数的定义在前面，程序最先执行的是程序主体的部分（第①步）。当执行到调用函数的语句时，程序流程转向被调用的函数（第②步），执行函数内部语句（第③步）。当被调用函数中的最后一条语句执行完毕或执行了 return 语句后，程序流程由被调用函数返回程序主体部分（第④步），从刚才中断的位置继续向后执行（第⑤步）。若后面的代码如果又遇到调用函数的部分，其执行过程和上面的 5 个步骤类似。

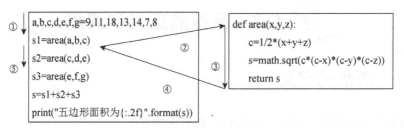

图 6-2　函数调用过程

需要注意的是，被调用函数的函数体中也可以有函数调用的语句，如 area()函数中，调用了 sqrt()函数。每个函数调用的执行过程也都和上面的 5 个步骤类似。

6.2.3　函数的返回值

函数在执行完成后，将向调用者返回运算的结果（数据），该数据称为函数的返回值。在函数体中，使用 return 语句，可以用来结束函数的执行，并将函数运算的结果返回到调用该函数的语句中。如例 6-1 中的 area()函数，就使用 return 语句将三角形面积计算的结果返回。

前面我们学习过如何判断素数的程序。在例 6-2 中，将判断素数的代码设计成一个函数，函数的返回值是 True 或 False，分别表示判断对象是或不是素数。

【例 6-2】编程计算 20 以内素数的个数。

```
#lt6-2-prime.py
import math
def prime(n):
    for i in range(2, int(math.sqrt(n)) + 1):
        if n%i==0:
            return False
    return True
m=0
for i in range(2, 21):
    if prime(i):
        m += 1
print('20 以内的素数有{}个'.format(m))
```

例 6-2 中的 prime()函数有两个 return 语句。若采用了选择结构的判断语句，执行到了语句"return False"，则 prime()函数执行结束，后面的语句不再执行。同时，将返回值"False"返回到调用该函数的语句中。若语句"return False"没有被执行到，则退出循环后执行语句"return True"。

注意：
（1）一个函数中可以有多条 return 语句，执行到哪一条 return 语句，哪一条就起作用。

（2）return 语句一旦被执行，不论其后是否还有语句未执行，都将立即结束所在函数的执行，并将结果返回给调用者。

（3）带 return 语句的函数调用时，一般出现在语句中的一部分，将计算的结果使用起来。如例 6-1 中的语句"s1=area(a,b,c)"和例 6-2 中的语句"if prime(i):"。

有的函数不是用来计算结果的，而是完成某项特定的任务（如打印数据），执行完后不返回结果。这样的函数可以没有 return 语句。如例 6-3，设计了一个打印姓名牌的函数 tag()。该函数的功能不是计算结果，而是打印指定的内容。所以 tag()函数没有使用 return 语句。

【例 6-3】输入一个姓名，按样例打印姓名牌。

```
#lt6-3-tag
def tag(a):
    n=len(a)+2
    print('*'*n)
    print('*{}*'.format(a))
    print('*'*n)
print('We can make name tags like this:')
tag('name')
x=input('Please input your name:')
tag(x)
```

执行上面的程序，若输入"Fiona"，最后的运行效果为：

```
We can make name tags like this:
******
*name*
******
Please input your name: Fiona
*******
*Fiona*
*******
```

实际上，像 tag()这样没有 return 语句的函数也是有返回值的，其值就是 None。

注意：

（1）如果一个函数没有 return 语句，或者 return 语句后没有数据，该函数的返回值就是 None。None 是 Python 中一个特殊的值，它不表示任何数据。

（2）返回值是 None 的函数，在被调用时一般都单独作为一行。它们的功能是完成特定的任务，而不是计算一个结果（这样的函数，调用时，当然也可以作为语句的一部分。只是它计算的结果是 None。读者可以自行设计函数进行调试）。

6.2.4 lambda 函数

Python 的保留字 lambda 也可以用来定义函数。该保留字用于定义匿名函数，又称

lambda 函数。在使用 lambda 保留字定义函数时，实际上它相当于一个表达式。如果将 lambda 保留字构成的函数表达式赋值给一个变量，则函数定义完成。该变量就是函数名，定义形式如下：

```
函数名 = lambda 形参：返回值
```

该定义完全等价于：

```
def 函数名(形参):
    return 返回值
```

一般来说，返回值是一个包含形参的表达式。由于 lambda 函数设计起来比较简单，常常用于定义比较简单的、能够在一行代码内实现功能的函数。

【例 6-4】输入直角三角形两条直角边的长度，计算斜边的长度。

```
#lt6-4-hypotenuse.py
import math
f = lambda a,b: math.sqrt(a ** 2 + b ** 2)                  #函数定义
x, y = map(eval, input('请输入两条直角边：').split())
z = f(x, y)                                                  #函数调用
print('直角三角形的斜边长为：{:.2f}'.format(z))
```

执行上面的程序，若输入为"3 4"，最后的运行效果为：

```
请输入两条直角边：3 4
直角三角形的斜边长为：5.00
```

注意：在上面的例子中，我们使用了一个 map 函数。这是一个 Python 的内置函数，可以根据提供的函数对指定的序列做映射。我们来分析下例 6-4 中的带 map()函数的这个语句：

（1）"input('请输入两条直角边：')"返回'3 4'。

（2）"input('请输入两条直角边：').split()"得到['3', '4']。

（3）"map(eval, input('请输入两条直角边：').split())"将上面得到的列表中每个元素逐个作为 eval()函数的参数进行函数调用，并将各次调用 eval()函数的返回值作为元素，组成一个迭代对象。为了查看结果的具体内容，可以使用 list()函数将该结果转换为列表。"list(map(int, input('请输入两条直角边：').split()))"会得到[3, 4]。

（4）最后，完整的语句"x, y = map(int, input('请输入两条直角边：').split())"将 map()函数返回的可迭代对象，解包后分别赋值给变量 x 和 y。

6.3 函数的参数

参数是调用函数的语句和函数之间信息交互的载体，函数的参数分为形式参数和实际

参数两种：

（1）形式参数——定义函数时，写入函数圆括号内的参数称为形式参数，又称为形参。在函数被调用前，没有具体的值。

（2）实际参数——调用函数时，写入函数圆括号内的参数称为实际参数，又称为实参。实参可以是常量、变量或表达式，有具体的值。

函数调用的时候，实参会把值传递给形参，就实现了参数的传递。

注意：由于变量的值是对象的引用，参数传递实际上就是实参将对象的引用传递给形参。因此，实参和形参都引用了同一个对象。若此对象是可变对象（如列表），并且在函数执行过程中发生了改变，实际上就是实参引用的对象发生了改变。如果在函数内部对形参进行了重新赋值，不会对实参造成影响。根据需要，可以在定义函数时进行形参的设计。

6.3.1 形参的设计

如何确定形式参数的个数和类型，这是一个令初学者困惑的问题。事实上，形式参数的设计与函数的预期功能密切相关。因为函数要实现相应的功能，必须获得一定的原始信息，而这些原始信息主要来自形参。所以，设计形参应从函数的功能分析入手。根据实现函数功能的需求，函数可以划分为两种形式。

1. 有参数的函数

为了实现函数的功能，需要向函数传递必要的信息。如例6-1中的area函数，其功能是根据三条边x、y、z的值，计算三角形的面积。若要计算一个具体三角形的面积，需要向area函数传递必要的信息，就是三条边的边长。函数形参x、y、z的值是从程序主体的调用语句中传递过来的。

2. 无参数的函数

还有一类函数，无须向函数传递信息，就可以实现函数的功能，如下面的例6-5。

【例6-5】设计一个随机产生6位密码的程序，要求密码由6个字符组成，字符包括大写字母和数字字符。

```
#lt6-5-password.py
import random
def password():
    n=random.randint(0, 6)
    t=[]
    for i in range(n):
        t.append(chr(random.randint(65, 90)))
    for i in range(6 - n):
        t.append(str(random.randint(0, 9)))
    random.shuffle(t)
```

```
        return ''.join(t)
    print(password())
```

例子中，password()函数的功能是随机产生一个 6 位密码，要实现函数功能已不再需要其他信息了，因此 password()函数被定义为一个无参数的函数。

6.3.2 关键字参数

一般情况下，函数调用时，实参和形参的位置一一对应。实参默认按照参数的位置顺序依次将值传递给形参。

【例 6-6】已知一元二次方程 $ax^2 + bx + c = 0$ 的三个系数，求解方程的实根。

```
#lt6-6-equation.py
import math
def equation(a, b, c):
    dt = b * b – 4 * a * c
    if dt < 0:
        return 'No solution.'
    else:
        x1 = (-b + math.sqrt(dt))/(2 * a)
        x2 = (-b - math.sqrt(dt))/(2 * a)
        return x1,x2
print(equation(1, -2, 1))
print(equation(2, 11, -6))
print(equation(2, 2, 1))
```

程序运行的结果为：

```
(1.0, 1.0)
(0.5, -6.0)
No solution.
```

例子中，函数调用"equation(1, -2, 1)"三个实参 1、-2、1 按顺序分别赋值给三个形参 a、b、c。这种按照位置顺序传递参数的方式固然很好，但是在参数很多的情况下，这样的传递参数方式可读性较差，容易发生顺序颠倒错误。

为了避免参数的位置发生混乱，函数调用时，实参可以指定对应形参的名字。此时，实参的顺序可以与定义时的形参不同。这就是关键字参数。

改写例 6-6 中的调用语句：

```
print(equation(a=1, b=-2, c=1))
print(equation(b=11, c=-6, a=2))
```

可以得到如下的运行结果：

```
(1.0, 1.0)
(0.5, -6.0)
```

6.3.3　默认值参数

在定义函数时，我们可以设置某些形参的默认值，那么在调用该函数时，就可以省略相应的实参，函数会选择这些形参的默认值来替代实参的值。当然，如果调用函数时提供了实参，则按照实际的实参值进行传递。

改写例 6-6 的代码，添加形参 c 的默认值为 1，将函数定义关键字"def"所在行修改为：

```
def equation(a, b, c = 1):
```

调用语句修改为：

```
print(equation(1, -2, 3))
print(equation(1, -2))
```

则可以得到如下的运行结果：

```
No solution.
(1.0, 1.0)
```

注意：

（1）形参设计时，有的参数有默认值，有的参数没有默认值，我们必须把默认值参数放在形参列表的最后。

（2）如果所有的形参都有默认值，那么函数调用时，实参可以使用关键字参数。这样可以任意选择想省略的实参。

改写例 6-5 的代码，将函数定义关键字"def"所在行修改为：

```
def equation(a=1, b=-2, c=1):
```

调用语句修改为：

```
print(equation())
print(equation(b = 2.5))
print(equation(c = 6))
```

则可以得到如下的运行结果：

```
(1.0, 1.0)
(-0.5, -2.0)
No solution.
```

（3）参数的默认值在函数定义时就指定了，如果调用时省略实参，则每次调用时都使用相同的默认值。所以，若默认值是可变类型的，在使用时需要特别小心。如，默认值为列表类型，形参变量的默认值实际上是列表的引用，引用没有发生变化，则多次调用时，用的是同一个列表。前面调用函数对默认值列表的修改，会影响到后面函数的调用。

【例 6-7】设计一个分组函数，从指定列表中随机提取元素进行分组，组数和每组个数也由用户指定。

```
#lt6-7-group.py
import random
def group(g, n, lst = list(range(10))):
    for i in range(g):
        print('Group {}: '.format(i + 1), end='')
        for j in range(n):
            t = lst.pop(random.randint(0, len(lst)-1))
            print(t, end=' ')
        print()
group(2, 4)                    #用默认值列表，分 2 组，每组 4 个元素
group(1, 5, [1, 2, 3, 4, 5, 6])    #用实参中的列表，分 1 组，每组 5 个元素
group(3, 3)                    #用默认值列表，分 3 组，每组 3 个元素
```

当程序运行到第 3 次调用 group()函数时，产生错误：

```
Group 1: 7 8 4 5
Group 2: 0 9 6 1
Group 1: 1 3 5 6 2
Group 1: 2 3 Traceback (most recent call last):
… …
ValueError: empty range for randrange() (0,0, 0)
```

第 1 次调用 group()函数，lst 参数使用默认值。使用列表的 pop()方法提取了 2×4 个元素，并将这 8 个元素从列表中删除，如图 6-3 所示。lst 参数的值没有发生变化，还是原默认值列表的引用，但是列表本身的内容发生了变化。第 2 次调用 group()函数，lst 参数使用的是实参的值。第 3 次调用 group()函数，lst 参数再次使用同一个默认值。试图从默认值对应的列表中提取 3×3 个元素，并将它们删除。此时该列表中只剩 2 个元素，无法满足要求，程序出错。

图 6-3　默认值参数对应列表的变化

6.3.4　可变数量参数

当函数的参数个数不确定时，函数定义中，可以设计可变数量参数，通过在形参前面加星号（*）来实现。

【例 6-8】设计一个计算选修课平均分的函数。选修课程的数目因人而异，至少选修一门课。函数获取姓名和若干个选修课分数，返回字符串，包含姓名和平均分。

```
#lt6-8-ave.py
def ave(name, m,*n):
    for i in n:
        m += i
```

```
        m /= (len(n) + 1)
        return '{:>4}:{}'.format(name, m)
print('选修课平均分：')
print(ave('张三', 23, 55, 60))
print(ave('李四', 95, 78, 97, 84, 65))
```

程序运行的结果为：

```
选修课平均分：
  张三:46.0
  李四:83.8
```

注意：

（1）函数定义时，前面带星号（*）的形参是可变参数。它的数量只有一个。

（2）可变参数必须出现在所有形参的最后。

（3）函数调用时，剩余的实参被当成一个整体，以元组类型的形式传递到可变形参中。

如图 6-4 所示，例 6-8 中两次调用 ave()函数，分别将剩下的实参打包成一个元组传递给可变参数 n。

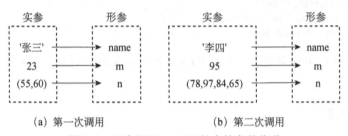

　　　　(a) 第一次调用　　　　　　　　(b) 第二次调用

图 6-4　两次调用 ave()函数中的参数传递

 ## 6.4　变量的作用域

变量的作用域就是变量起作用的范围，也就是说，在哪个范围中，可以使用该变量。

Python 中没有专门定义变量的语句，它规定赋值即定义。也就是说，第一次对变量赋值，就是对变量的定义。所有变量还是需要先定义（先赋值）再使用的。若设计了自定义函数程序，代码就分为函数内部代码和函数外部代码（程序主体）。根据变量定义位置的不同，可分为两类。

（1）全局变量：定义在函数外的变量，其作用域是整个程序。

（2）局部变量：定义在函数内的变量（形参也属于局部变量），其作用域是该函数的内部。

1. 局部变量

局部变量在函数内部定义，在使用局部变量时，需要注意以下几点：

（1）局部变量只在本函数内部有效，属于定义它的函数。函数外的代码或其他函数内部的代码都不能使用该函数的局部变量。

（2）在函数内部，第一次给变量赋值，局部变量定义完成，函数就可以使用该变量了。当函数调用结束，局部变量就被释放，变量将不存在。多次调用同一函数，每次调用都有各自的局部变量。

（3）不同函数拥有同名的局部变量，这是允许的。每个函数有各自独立的命名空间，各自的局部变量相互不影响。

下面的例子试图在函数外使用局部变量：

```
>>> import math
>>> def f(a, b):
        s = math.sqrt(a ** 2 + b ** 2)          #第一次赋值，定义了局部变量 s
        return s
>>> print(f(3, 4))
5.0
>>> print(s)                                    #在函数外使用局部变量 s，出错
Traceback (most recent call last):
  File "<pyshell>", line 1, in <module>
NameError: name 's' is not defined
```

函数外不允许使用局部变量，而且 f()函数调用结束后，局部变量 s 被释放，已经不存在了。

2. 全局变量

全局变量定义在函数外、程序的主体中。全局变量的使用需要注意以下几点：

（1）在程序主体中，第一次给变量赋值，全局变量定义完成，在整个程序中有效。

（2）若函数中定义的局部变量和全局变量同名，则在函数内部使用的是局部变量。

（3）若函数中没有定义同名的局部变量，函数内部也可以直接使用全局变量，只要不对全局变量重新赋值即可。一旦在函数内部开始使用全局变量，就不能再定义同名的局部变量。

（4）若要在函数内部对全局变量赋值，必须使用 global 关键字对全局变量进行说明。

【例 6-9】设计一个修改记录颜色变量的函数，并打印当前颜色值。

```
#lt6-9-a-changecolor.py
def change(s):
    color = s                           #定义局部变量 color，和全局变量同名
    print('In the function, the current color is {}.'.format(color))
color = 'red'
print('The current color is {}.'.format(color))
change('blue')
print('The current color is {}.'.format(color))
```

程序运行的结果为：

```
The current color is red.
In the function, the current color is blue.
The current color is red.
```

函数内部使用局部变量 color。函数调用结束后，全局变量 color 没有发生改变。如果想要在函数内部修改全局变量 color，可以修改例 6-9，将 change()函数的定义改为下面的代码：

```
def change(s):
    global color                    #说明全局变量 color
    color = s                       #使用全局变量 color
    print('In the function, the current color is {}.'.format(color))
```

则程序运行的结果变化为：

```
The current color is red.
In the function, the current color is blue.
The current color is blue.
```

函数调用结束后，当前颜色发生了变化。

 ## 6.5　函数的递归

6.5.1　函数的嵌套调用

在前面的章节中，我们学习了函数的调用方式，也知道被调用函数的函数体中也可以有函数调用的语句，用于调用其他函数，如例 6-1 中的 area()函数内部调用了 sqrt()函数。我们称之为函数的嵌套调用。

【例 6-10】编写一个小学口算题生成程序，用户指定题数，随机产生 100 以内加减法口算题，并根据用户的选择决定是否给出参考答案。

编程分析：设计一个 cal()函数产生一道口算题，并返回该题的答案。通过另一个 exam()函数根据用户输入的题数，调用 cal()函数来生成一批口算题，并将这些题的所有答案返回。主体程序主要完成用户输入和调用 exam()函数，并根据情况打印答案。

程序代码如下：

```
#lt6-10-exam.py
import random
def cal():
    a = random.randint(0, 99)
    b = random.randint(0, 99)
    if a < b:
        a, b = b, a
    r = a - b
    c = random.randint(0, 1)
    if c == 0:
        a, r = r, a
```

```
            print('{}+{}='.format(a, b))
        else:
            print('{}-{}='.format(a, b))
        return r
def exam(n):
    ans = [ ]
    for i in range(n):
        x = cal()
        ans.append(x)
    return ans
n = int(input('请输入题数：'))
s = exam(n)
a = input('是否需要参考答案（是或否）：')
if a == '是':
    print(s)
```

程序运行的结果为：

```
请输入题数：5
47-44=
66+29=
65-63=
72-3=
89-55=
是否需要参考答案（是或否）：是
[3, 95, 2, 69, 34]
```

这个例子涉及两个函数：cal()函数和 exam()函数。若用户输入 1，程序执行的过程如图 6-5 所示。若用户输入的数大于 1，则多次调用 cal()函数，图中的第④⑤⑥步会执行多次。

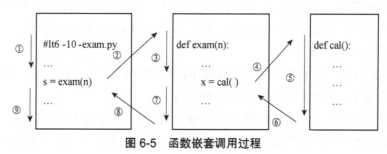

图 6-5　函数嵌套调用过程

6.5.2　递归的定义

函数可以调用其他函数。实际上，函数也可以调用自己。函数作为一种代码封装，可以被其他代码调用，当然，也可以被函数自身内部的代码调用。这种函数定义中调用函数自身的方式称为递归。

数学上有个经典的递归例子，就是阶乘。n 的阶乘可以表示为：

$$n! = n \times (n-1) \times (n-2) \times \cdots \times 1$$

而 $n-1$ 的阶乘可以表示为：

$$(n-1)! = (n-1) \times (n-2) \times \cdots \times 1$$

可以得到另一种表示 n 的阶乘的方式：

$$n! = \begin{cases} 1 & (n=0,1) \\ n \times (n-1)! & (n>1) \end{cases}$$

如果 n 为 0 或 1，n 的阶乘为 1；如果 n 大于 1，n 的阶乘等于 n 乘以 $n-1$ 的阶乘。

递归作为一种算法在程序设计过程中应用广泛。它通常是把一个复杂问题逐步（逐层）转化为一个与原问题相似，并且规模相对小的问题来求解。如图 6-6 所示，求 4!问题。4!等于 4 × 3!，只要求解出 3!就可以求解出 4!。原问题转化成相对简单的新问题。而 3!等于 3 × 2!，问题进一步简化，转化成求解 2!，以此类推，当问题转化为求解 1!时，就可以直接得到答案 1。求 1!问题解决后，回归到求 2!问题上，该问题也可以得到解决了。以此类推，进行问题的回归，最终求 4!的问题得到解决。递归的过程分为递推过程和回归过程。

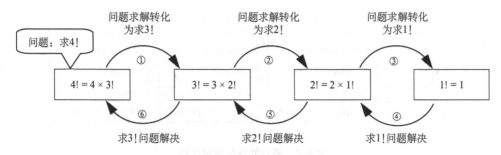

其中，①②③为递推过程，④⑤⑥为回归过程

图 6-6　递推和回归过程

由此可见，想要使用递归来解决问题，必须符合三个条件：

（1）问题的求解可以使用自身的结构来描述自身，从而实现问题的递推过程。

（2）递推过程具有结束的条件，以及递推结束时的结果。

（3）问题的递推向着递推结束的条件发展。

6.5.3　函数的递归调用

递归函数在设计时，只需少量的代码就可以描述出解题过程所需要的多次重复运算，大大减少了程序的代码量。由于递推结束条件的存在，递归函数的设计一般都需要一个选择结构来完成。以阶乘的计算为例，设计一个递归函数，并调用它。

【例 6-11】阶乘的计算。

```
#lt6-11-Factorial.py
def fact(n):                         #定义 fact()函数
    if n in (0, 1):
        return 1
    else:
        return n * fact(n - 1)        #调用 fact()函数
```

```
x = int(input('输入一个整数 x（x>=0）：'))
y = fact(x)
print('{}的阶乘是{}'.format(x, y))
```

运行时输入 3，结果为：

```
输入一个整数 x（x>=0）：3
3 的阶乘是 6
```

fact()函数在其定义的内部调用了自己，因此是一个递归函数。

类似函数嵌套调用的方法，函数内部调用函数，每次调用都会有新的函数要开始执行，表示它们都有各自的形参和本地的局部变量。递推过程中，函数的调用逐层展开。当递推遇到结束条件时，开始进入逐层的回归过程。每次结束当前层函数的调用，返回到上一层函数，并把结果返回。递归过程中，各个函数运算的都是各自的参数和局部变量，虽然它们都同名，但相互没有影响。例 6-11 中，当输入为 3，函数的递归调用过程如图 6-7 所示。

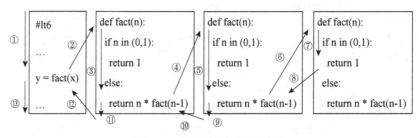

图 6-7 函数的递归调用过程

虽然递归可以使程序结构更加"优美"，但其执行效率并不高。首先，每次进行函数调用需要花费一定的时间。其次，每调用一次函数就会定义一批局部变量，这些局部变量直到本次函数调用结束才会释放所占用的内存空间，因此需要占用大量的内存资源。所以，只有当常规方法很难解决问题时，才考虑使用递归方法。对于能够使用循环解决的问题，则推荐使用循环结构。例如，最好使用如下函数计算阶乘：

```
def fact(n):
    s = 1
    for i in range(2, n + 1):
        s *= i
    return s
```

6.6　内置函数

Python 提供了许多内置函数，这些函数不需要导入库，就可以直接使用，如表 6-1 所示。

表 6-1　Python 内置函数

abs()	dict()	help()	min()	setattr()
all()	dir()	hex()	next()	slice()
any()	divmod()	id()	object()	sorted()
ascii()	enumerate()	input()	oct()	staticmethod()
bin()	eval()	int()	open()	str()
bool()	exec()	isinstance()	ord()	sum()
bytearray()	filter()	issubclass()	pow()	super()
bytes()	float()	iter()	print()	tuple()
callable()	format()	len()	property()	type()
chr()	frozenset()	list()	range()	vars()
classmethod()	getattr()	locals()	repr()	zip()
compile()	globals()	map()	reversed()	__import__()
complex()	hasattr()	max()	round()	
delattr()	hash()	memoryview()	set()	

其中，部分内置函数在前面的章节中已经出现，如 abs()、int()、list()、range() 函数等。

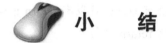

小　　结

面对一个复杂的问题，最好的处理方法就是将其分解成若干个小的功能模块，然后编写函数去实现每一个模块的功能，最终通过调用这些函数来实现总体目标。本章主要向读者介绍了用户自定义函数的定义与使用方法。

使用函数时，需要注意调用者与被调用者之间的数据传递，通过参数传递和函数的返回值实现。实参将对象的引用传递给形参。如果在函数内部对形参进行了重新赋值，不会对实参的值造成影响。根据函数的功能决定是否需要返回值。

递归是一种用于解决复杂问题的编程技术。只需少量的代码就可以描述出解题过程所需的多次重复运算，大大减少了程序的代码量，但往往需要占用更多时间和内存。

习　　题

一、判断题

1．函数定义时，可以有多个 return 语句，利用多个 return 语句就可以返回多个结果。

（　　）

2．函数定义时，必须要有 return 语句。　　　　　　　　　　　　　（　　）

3．函数定义时，若函数中没有 return 语句，则默认返回空值 None。　　（　　）

4．形参设计时，有的参数有默认值，有的参数没有默认值，我们必须把默认值参数放在形参列表的最后。　　　　　　　　　　　　　　　　　　　（　　）

5．函数定义时，前面带星号（＊）的形参是可变参数。函数可以定义多个可变参数。
　　　　　　　　　　　　　　　　　　　　　　　　　　　　　　（　　）

6．若函数中没有定义同名的局部变量，函数内部想要读取全局变量的值，必须使用 global 关键字。　　　　　　　　　　　　　　　　　　　　　　　（　　）

二、单选题

1．在一个函数中，若局部变量和全局变量同名，则（　　）。

A．函数内部使用的是局部变量

B．函数内部使用的是全局变量

C．在函数内部，全局变量和局部变量都不可用

D．程序出错

2．关于函数的定义，下列说法正确的是（　　）。

A．必须设置形参，但可以没有 return 语句

B．必须有 return 语句，但可以不设置形参

C．可以设置形参，也可以没有形参；可以有 return 语句，也可以没有 return 语句

D．必须设置形参，也必须有 return 语句

3．有变量 a 和函数 f()，若执行下列语句后，两次打印 a 的结果不同，则 a 可能是（　　）类型。

```
print(a)
f(a)
print(a)
```

A．整型　　　　　　　　　　　　　　B．字符串

C．列表　　　　　　　　　　　　　　D．元组

4．有语句"f = lambda x,y:(x + y) / 2"，则下列函数调用正确的是（　　）。

A．s = f(3, 5)　　　　　　　　　　　B．s = f(3 + 5)

C．s = f()　　　　　　　　　　　　　D．s = f((x + y) / 2)

三、编程题

1．编写一个函数用于判断指定年份是否为闰年（闰年的条件：年号能被 4 整除，但是不能被 100 整除，或者能被 400 整除）。输入起止年份，调用该函数判断是否为闰年，打印出该年份范围中所有的闰年。

2．输入学生人数 n，随机生成一个长度为 n 的列表。列表的元素值为学生的分数（0～100 分），调用函数计算高于平均分的人数，列表作为参数，计算的结果作为函数返回值。最后打印结果。

3．验证哥德巴赫猜想，输入一个大于等于 6 的偶数，编程证明它可以是两个素数之和，并将结果进行打印。将判断素数的程序设计成一个函数。

4．编写递归函数计算斐波那契数列，递归公式如下：

$$f(x)=\begin{cases}0 & x=0\\1 & x=1\\f(x-2)+f(x-1) & x>1\end{cases}$$

第 7 章 文件操作

本章学习要求

➤ 了解文件和文件系统

➤ 掌握使用 Python 对文件进行打开、读写和关闭操作

➤ 掌握一维数据和二维数据的表示、存储和采用 CSV 格式对一维数据、二维数据文件的读写操作

➤ 能编写与文件有关的简单程序

内存中的数据是临时的，在断电后数据就会丢失，如何将数据永久地保存到计算机的磁盘内？这就要对文件进行操作，本章介绍如何使用 Python 对文件进行操作。

 ## 7.1 文件及文件系统

计算机中的文件，是指存储在磁盘、光盘、磁带等设备上的一段数据流。相比内存中的数据，它可以长期保存。计算机中的文件可以分为文本文件和二进制文件。

文本文件由一系列字符组成，这些字符采用特定的编码形式，比如 ASCII 编码或者 UTF-8。二进制文件是按二进制的编码方式来存放数据的，数据存放在磁盘上的形式和其在内存中的存储形式相同。二进制文件中的一个字符并不对应一个字符，虽然可以在屏幕上显示，但其内容无法读懂。

在 Python 中，可以先用 open()方法打开一个文件对象，然后进行读写，最后通过 close()方法关闭该文件对象。

 ## 7.2 使用 open()方法打开文件

想要对文件进行操作，首先要打开文件，可以使用 Python 内置的 open()方法来打开一个指定的文件，并创建文件对象，其语法如下：

```
file=open(filepath,mode)
```

其中，file 表示需要打开的文件对象，filepath 表示需要打开的文件所在位置，即路径，是一个字符串。如果需要打开的文件和当前的 Python 源文件在同一个目录下，则直接写名字就可以，这也称为相对路径；否则需要指定所打开文件的绝对路径。mode 用于指定文件的打开模式，默认"r"（只读）模式，除了只读，还有其他打开模式，如表 7-1 所示。

表 7-1 文件的打开模式

打开模式	说明	备注
'r'	只读模式，默认值，如果文件不存在，返回 FileNotFoundError	要求文件必须存在
'rb'	以二进制格式，且以只读方式打开文件，一般用于打开非文本文件，比如图片、声音等	
'r+'	读写模式打开文件，文件指针在开头	
'rb+'	在二进制格式下以读写模式打开文件，文件指针在文件开头	
'w'	以写模式打开文件，文件指针在文件开头，即从文件头开始编辑，原有内容被删除，如果文件不存在，会自动创建文件	文件存在，则覆盖原文件，否则新建文件
'wb'	在二进制格式下以写模式打开文件，如果文件存在，从头开始编辑，原有内容被删除；如果文件不存在，自动创建文件	
'w+'	以读写模式打开文件，如果文件存在，从头开始编辑，原有内容被删除；如果文件不存在则自动创建文件	
'wb+'	在二进制格式下以读写模式打开文件，从头开始编辑，原有内容被删除，文件不存在则自动创建文件	
'a'	打开文件追加内容，如果文件存在，文件指针放在文件结尾，即继续先前的文件继续编辑；如果文件不存在，则自动创建文件	
'ab'	在二进制格式下追加文件内容，文件指针放在文件结尾，即继续先前的文件继续编辑，如果文件不存在，则自动创建文件	
'a+'	以读写模式追加文件内容，文件指针在文件结尾，即继续对先前的文件进行编辑，如果文件不存在，则自动创建文件	
'ab+'	在二进制格式下追加文件内容，文件指针在文件结尾，即继续对先前的文件进行编辑，如果文件不存在，则自动创建文件	

【例 7-1】假设在 D 盘下面有一个 zust.txt 记事本文件，存放的是浙江科技学院的简介，以只读的方式将其打开并在屏幕上显示其内容。

```
file=open("D:\zust.txt","r",encoding='utf-8')
filestr=file.readlines();
print(filestr)
file.close()
```

运行结果为：

['浙江科技学院的前身为成立于 1980 年的浙江大学附属杭州工业专科学校，先后经历了浙江大学

附属杭州高等专科学校、杭州应用工程技术学院等发展阶段，2001 年 8 月更名为浙江科技学院。2003 年 10 月，浙江省轻工业学校成建制并入。经过近 40 年的建设，学校已发展成为一所具有硕士、学士学位授予权和外国留学生、港澳台学生招生权的特色鲜明的应用型省属本科高校，是教育部首批"卓越工程师教育培养计划"试点高校、教育部首批"新工科研究与实践项目"入选高校、"浙江省国际化特色高校"建设单位。']

本例中先用 open()方法以只读方式打开一个文本文件，由于文件中存放的是一些中文字符，这里需直接指定其编码方式为 UTF-8。然后通过 readlines()方法读取其所有内容，该方法详见 7.4.3 节。

 ## 7.3　文件关闭

打开文件并完成读、写等操作后，需要及时关闭文件，以免在后续操作中对文件造成破坏，同时也能避免内存资源的浪费。关闭文件可以用 close()方法来实现，其语法如下：

```
file.close()
```

其中，file 为通过 open()方法打开的文件对象。

比如，例 7-1 中在程序的最后通过 file.close()将文件关闭。

 ## 7.4　读文件

打开文件后，就可以对其进行读写了，本节介绍如何从文件中读取数据，根据读写的要求不同，可以分为按照指定字符数进行读取、按行读取和全部行读取。

7.4.1　使用 read()方法读取若干个字符

用 read()方法可以读取若干个字符，其语法如下：

```
file.read(n)
```

其中，file 为通过 open()方法打开的文件对象，n 为可选参数，表示需要读取的字符个数，如果缺省，则表示读取所有内容，功能上与读取全部行相同。该方法要求打开模式为只读'r'或者'r+'，否则会出现异常。

【例 7-2】如果要读取例 7-1 中的前 6 个字符，代码如下：

```
file=open("D:\\zust.txt","r",encoding='utf-8')
filestr=file.read(6);
print(filestr)
file.close()
```

运行结果为：

使用 read()方法读取数据时，从文件的第一个字符开始读取，如果想从文件中某个位置开始读取，可以先通过 seek()方法将文件指针定位到指定位置，然后使用 read()方法读取若干字符。seek()方法语法如下：

```
file.seek(offset, whence)
```

其中 offset 表示需要移动的字符个数，whence 表示移动的参考位置，0 表示从文件的头部开始计算，1 表示从当前位置开始计算，2 表示从文件尾部开始计算，缺省值是 0。

【例 7-3】在 D 盘下有一个 test.txt 文件，里面存放着一个字符串"Zhejiang university of science and technology"，若想从该字符串中读取"university"，其代码如下：

```
file=open("D:\\test.txt","r")
file.seek(9);
filestr=file.read(10);
print(filestr)
file.close()
```

7.4.2 整行读取

Python 提供 readline()方法用于每次读取一行数据，其语法如下：

```
file.readline()
```

其中 file 是文件对象，readline()方法要求打开模式是'r'或者'r+'。

【例 7-4】用 readline()将例 7-1 中的文本按行依次输出，代码如下：

```
file=open("D:\\zust.txt","r",encoding='UTF-8')
while True:
    tmp=file.readline()
    if tmp=='':
        break
    print(tmp)
file.close()
```

程序在 while 循环中，通过 readline()方法依次读取每一行，在读的时候判断文件指针是否已经达到文件最后，如果是则通过 break 语句跳出循环。

7.4.3 全部行读取

使用 read()方法读取数据时，如果不指定读取字符的大小，则会将全部内容读取出来，它返回的是一个字符串。如果使用 readlines()方法读取，返回的是一个字符串列表，这个列表中的每个元素对应文件中的某一行，其语法如下：

```
file.readlines()
```

【例 7-5】用 readlines()方法改写例 7-3，代码如下：

```
file=open("D:\\zust.txt","r",encoding='UTF-8')
mystrings=file.readlines()
print(mystrings)
file.close()
```

使用 readlines()方法读取数据时，如果读取的文件比较大，对整个字符串列表进行操作效率较低，这时可以对字符串列表中的每个元素作为字符串进行操作，比如在例 7-4 中通过 readlines()方法读取后，通过循环逐行打印。

```
file=open("D:\\zust.txt","r",encoding='UTF-8')
mystrings=file.readlines()
for tmp in mystrings:
    print(tmp)
file.close()
```

7.5　写数据

Python 提供了 write()方法用于对文件对象写入一个字符串，其语法如下：

```
file.write("需要写入的字符串")
```

【例 7-6】假设在 D 盘下面有一个 test.txt 记事本文件，里面存放着"Zhejiang university of science and technology"，在原内容后面追加"欢迎来到浙江科技学院"，代码如下：

```
file=open("D:\\test.txt","a",encoding='UTF-8')
file.write("欢迎来到浙江科技学院")
file.close()
```

用 write()方法可以写入一个字符串，如果是一个字符串列表，则需要用 writelines()方法来实现。

【例 7-7】将"清华大学""北京大学""浙江大学""浙江科技学院"这些字符串按行依次写入 D 盘下面的 test 1.txt 记事本文件中，代码如下：

```
file=open("D:\\test 1.txt","w",encoding='UTF-8')
mystrings=["清华大学\n","北京大学\n","浙江大学\n","浙江科技学院\n"]
file.writelines(mystrings)
file.close()
```

需要注意的是，使用 writelines()方法将内容写入文件时，不会在每个字符串列表后面自动加上换行符，所以在例 7-7 的字符串列表中每个元素包含'\n'。

7.6　一维数据和二维数据

为了更好地管理和处理数据，计算机可以将数据组织起来，形成一维数据、二维数据和高维数据。

一维数据采用线性方式组织，由一些有序的或无序的数据组成，它们的关系是对等关系，即不是包含和从属的关系。例如，如果数据间是有序的，则可以使用列表来表示。如：一维列表 ls = [2,4,6,8]。如果数据是无序的，则可以使用集合类型来表示，如：一维集合 st ={杭州,宁波,绍兴,温州}。

二维数据可以看成是由多条一维数据组成的，类似表格的形式，对应于数学中的矩阵。因此，二维数据通常可以用二维列表来表示。这时，列表的每个元素对应表格的一行，而该行本身也是列表类型的，其内部各元素对应该行中的各值。例如，某小组的单元测试成绩，如表 7-2 所示。

表 7-2 某小组的单元测试成绩

姓名	语文	数学	英语
张三	85	78	92
李四	86	93	96
王五	72	85	69

高维数据相比一维数据和二维数据更加复杂，一般由一些键值对类型的数据构成，且可以多层嵌套。其在 Web 系统中较为常用，是当今 Internet 组织内容的主要方式，HTML、XML 和 JSON 等具体数据组织均可以看成是高维数据。比如对浙江科技学院的简介可以采用以下高维数据来组织：

```
"浙江科技学院" : [
"批次" : "本科",
"地址" : "杭州留和路 318 号",
"校区" : "小和山和安吉校区",
]
```

7.7 一维数据、二维数据的操作

7.7.1 采用 CSV 格式对一维数据文件的读写

一维数据是一种较为简单的数据组织形式，由于采用的是线性结构，在 Python 语言中主要采用列表形式表示。例如，可以用列表表示某同学的期末成绩：[84,78,96,92]。

在存储时，常用特殊符号（空格、逗号、换行及其他字符）分隔。其中，以逗号分隔的存储格式称为 CSV（Comma-Separated Values）格式，即逗号分隔值。它是一种通用的、相对简单的文件格式，在商业和科学上广泛应用，大部分编辑器都支持直接读入或保存 CSV 格式文件。其后缀名是.csv，可以通过记事本或者 Excel 打开。

CSV 文件有以下特点：

（1）内容是由特定字符编码组成的文本。

（2）以行为单位，头行不是空行，且行与行之间没有空行。

（3）每行是一个一维数据，那么多行 CSV 数据可以看成是二维数据。

（4）每行中的数据以英文的逗号分隔，内容为空也不能省略空格。

一维数据保存成 CSV 格式后，各元素采用逗号分隔，形成一行。从 Python 表示到数据存储，需要将列表对象输出为 CSV 格式及将 CSV 格式读入成列表对象。

【例 7-8】假设有文件 test.csv，里面存放着"杭州，宁波，绍兴，温州"，则可以通过以下程序将其打印到屏幕。

```
f=open("test.csv","r")
mystr = f.read()
ls=mystr.strip('\n').split(",")
print(ls);
f.close()
```

显示结果为['杭州', '宁波', '绍兴', '温州']。

如果文件中的数据本身包含分隔符','，则无法判断它到底是分隔符还是一个标点符号，这时将产生一个空字符串。在上例中假设文件中包含多个','，例如有文本内容"杭州，宁波，,,绍兴，温州"，则显示结果为：['杭州', '宁波', '', '', '绍兴', '温州']。

【例 7-9】我们也可以将一维数据写入文件中，中间用特殊符号分开，比如将一维列表 ls=['杭州', '宁波', '绍兴', '温州']写入文件 test 1.csv 中，代码如下：

```
ls=['杭州', '宁波', '绍兴', '温州']
f=open("test 1.csv","w")
mystr = ",".join(ls)
f.write(mystr)
f.close()
```

7.7.2　采用 CSV 格式对二维数据文件的读写

CSV 格式文件中的每一行是一维数据，可以用列表来表示。如果 CSV 格式文件存在多行，那么这时整个 CSV 格式文件就是一个二维数据，可以用二维列表来表示。例如，可以用以下二维列表来表示某小组的单元测试成绩：

```
ls = [
['姓名','语文',' 数学','英语'],
['张三',85,78, 92],
['李四',86,93,96],
['王五',72,85,69],
]
```

【例 7-10】将以上数据先录入到 grade.csv 中，然后通过以下程序转化为列表。

```
f = open("grade.csv", "r")
ls = []
for line in f:
    ls.append(line.strip('\n').split(","))
```

```
f.close()
print(ls)
```

由于从 CSV 格式文件中读取数据时，每行是以'\n'结尾的，如果要将该行内容放入列表时，可以通过字符串方法 strip()将其去掉。

【例 7-11】我们也可以对 CSV 格式文件中的二维数据进行处理，然后写入到 CSV 格式文件中。例如，在上例中求出每位同学的总成绩，然后将其写入 CSV 格式文件中。

```
fin = open("grade.csv", "r")
fout=open("gradenew.csv","w")
ls = []
for line in fin:
    ls.append(line.strip('\n').split(","))
ls[0].append("总分")
for i in range(1,len(ls)):
    sum=0
    for j in range(1,len(ls[i])):
        sum=sum+int(ls[i][j])
    ls[i].append(str(sum))
    print(ls[i])
for line in ls:
    fout.write(",".join(line)+'\n')
fin.close()
fout.close()
```

对二维数据处理等同于对二维列表的操作，与一维列表不同，二维列表一般需要借助循环遍历实现对每个数据的处理，基本代码格式如下：

```
for row in ls:
    for item in row:
        <对第 row 行第 item 列元素进行处理>
```

【例 7-12】如果要对上面处理后的 gradenew.csv 中的二维数据进行格式化输出，打印成表格形状，其代码如下：

```
f=open("gradenew.csv","r")
ls = []
for line in f:
    ls.append(line.strip('\n').split(","))
for row in ls:
    line = ""
    for item in row:
        line += "{:10}\t".format(item)
    print(line)
f.close()
```

显示结果如下：

姓名	语文	数学	英语	总分
张三	85	78	92	255
李四	86	93	96	275
王五	72	85	69	226

7.8 应用举例

【例 7-13】将所有水仙花数写入到一个文本文件。

水仙花是一个三位数，它的每一位立方和等于它本身。比如 153 就是水仙花数，因为 $1^3+5^3+3^3$ 刚好等于 153。

```
fo = open("D:\\output.txt","w+")
strls="
for n in range(100,1000):
    a=n%10
    b=n//10%10
    c=n//100
    if(a**3+b**3+c**3==n):
        print(n)
        strls+=str(n)+' '
fo.writelines(strls);
fo.close()
```

该例中，由于水仙花数是一个三位数，范围在 100～999，因此将该范围里面的数依次求出个位、十位、百位并赋给 a、b、c，然后判断是不是水仙花数。如果是，就追加到字符串 strls 后面，最后将字符串 strls 通过 writelines()方法写入文件。这里需要注意的是，writelines()只能写入一个字符串，因此该例中需要将水仙花数通过 str()方法转化为字符串。

【例 7-14】统计文本文件中每个英文字母出现的次数，不考虑大小写。

```
fo = open("D:\\test.txt","r")
strings=fo.readlines()
word_dict=dict()
newstr=str(strings).strip().lower()

for k in newstr:
    if 'z'>=k>='a':
        if k not in word_dict:
            word_dict[k]=1
        else:
            word_dict[k]=word_dict[k]+1

for k,i in word_dict.items():
    print("{0}出现了{1}次".format(k,i))
fo.close()
```

该例中，先通过 readlines()方法读取文本文件中的所有内容，去掉空格，同时将大写字母转化为小写字母，形成一个新的字符串，然后依次遍历该字符串，将每个英文字母出现的次数放入一个字典中。

【例 7-15】编写程序将两个 CSV 格式的文件合并，其中一个文件 infor.csv 包含学号和姓名，另一个文件 grade.csv 包含学号和成绩，合并后的文件 student.csv 包含学号、姓名和成绩，如果没有成绩则显示"无成绩"，如果没有姓名则显示"无姓名"，如图 7-1 所示。

图 7-1 例 7-15 示例图

程序代码如下：

```
file1=open("infor.csv","r")
file2=open("grade.csv","r")
file1.readline()
file2.readline()
lines1=file1.readlines()
lines2=file2.readlines()
list1_num=[]
list1_name=[]
list2_num=[]
list2_grade=[]

for line in lines1:
    ele=line.strip('\n').split(",")
    list1_num.append(ele[0])
    list1_name.append(ele[1])

for line in lines2:
    ele=line.strip('\n').split(",")
    list2_num.append(ele[0])
    list2_grade.append(ele[1])

tmp=['学号','姓名','成绩'];
lines=[]
lines.append(",".join(tmp)+'\n')

for i in range(len(list1_num)):
    s=''
    if list1_num[i] in list2_num:
        j=list2_num.index(list1_num[i])
        s=','.join([list1_num[i],list1_name[i],list2_grade[j]])+'\n'
    else:
        s=','.join([list1_num[i],list1_name[i],'无成绩'])+'\n'
    lines.append(s)


for i in range(len(list2_num)):
    s=''
    if list2_num[i] not in list1_num:
        print(list2_num[i])
        s=','.join([list2_num[i],"无姓名",list2_grade[i]])+'\n'
```

```
        lines.append(s)

    print(lines)

    file3=open("student.csv","w")
    file3.writelines(lines)
    file3.close()
    file2.close()
    file1.close()
```

该例中，file1 和 file2 由于有表头，因此通过 readline()方法读取第一行后文件指针指向第二行，通过 readlines()方法读取剩下的所有行。然后通过 for…in 循环形成 4 个列表，分别用于存放第一个文件中的学号和姓名、第二个文件中的学号和成绩。然后对第一个文件中的每一条记录找出其在第二个文件中的分数，如果没有则用"无成绩"来表示，同时针对第二个文件中的记录如果没有出现在第一个文件中，姓名用"无姓名"来表示，形成新的字符串，最后将该字符串写入第三个文件。

小　结

本章主要讲解了 Python 中文件操作和管理方面的内容，在文件操作部分重点介绍了文件的打开和关闭，以及如何读写文本文件和二进制文件。最后还介绍了如何对 CSV 格式文件的读写，主要是一维和二维数据文件的读写。

习　题

编程题

1．D 盘有一个文件 source.txt，编写一个程序将其大写字母转化成小写，小写字母转化成大写，其他字符不变，把处理后的结果保存到文件 destination.txt 中。

2．已知 D 盘有一个文件 source.txt，从键盘输入一个整数 x，要求将 source.txt 中能被 x 整除的整数写入到文件 destination.txt 中。

3．D 盘根目录下存放着 data.csv 文件，里面有一些整数，从键盘输入一个整数，统计打印出该整数在文件中出现的次数。

4．D 盘有一个文件 grade 1.csv，包含如图 7-2 所示信息。

学号	英语	计算机	数学
10001	95	87	90
10002	86	93	76
10003	68	77	62
10005	76	50	82

图 7-2　编程题 4 题图

编写程序求每位同学的总分，并根据总分进行降序排序，将排序后的结果打印到屏幕。

第 8 章　面向对象程序设计

本章学习要求

➤ 面向对象的概念
➤ 类和对象
➤ 类的属性和方法
➤ 类的继承
➤ 类的重载

 ## 8.1　面向对象简介

8.1.1　面向对象程序设计思想简介

Python 是一门面向对象编程（简称 OOP）的语言。面向对象程序设计可以看作是在程序中包含各种对象的基本思想。在传统的程序设计中，通常使用数据类型对变量进行简单分类，也就是说不同数据类型的变量具有不同的属性，这种方式很难完整地描述事务。例如，我们要描述一个人，除了要说明这个人的基本属性，包括姓名、性别、年龄，还需要说明这个人能进行的操作，或者他能完成的动作，比如跑、跳、说话等。如果能将人的属性和他能完成的操作结合起来描述的话，就可以完整地描述人这个事务。这种将事务的属性和方法组装在一起的程序设计思想理念正是面向对象的程序设计思想。Python 完全采用了面向对象程序设计的思想，完全支持面向对象的基本功能，如封装、继承、多态及对基类的覆盖和重写，而且 Python 中对象的概念很广泛，Python 中的一切内容都可以称为对象。

8.1.2　面向对象程序设计中的基本概念

面向对象编程有两个非常重要的概念：类和对象。

（1）类（class）：用来描述具有相同属性和方法的对象的集合。

（2）对象：通过类定义的数据结构实例。对象是类的实例，包含属性和方法。

现实生活中的任何事物都可以称为对象。例如，一位老师，一间教室，一台计算机都可以看作是一个对象。把具有共同性质的事物划分为一类，得出一个抽象的概念。例如，汽车、车辆、运输工具等都是一些抽象概念，它们是一些具有共同特征的事件的集合，被称为类。在面向对象编程中，对象是面向对象编程的核心，在使用对象的过程中，和认识客观事物一样，为了将具有共同特征和行为的一组对象抽象定义，类的概念就应运而生了。

由于类是抽象的，在使用的时候通常会找到这个类的一个具体的存在，然后再使用这个具体的存在。具体的存在可以有不同，也就是一个类可以有多个对象。对象是类的实例。由此我们联想到数据类型，前面章节中讲到的大部分数据类型都可以看作模板，例如，str 是类型，'x'、'y'、'z'都是字符串类型的实例，在 str 这个类型中定义了字符串的属性和方法，所有字符串对象都可以调用这个类型当中的方法，不同的对象又都具有不同的特点，如它们各自的值都不同。

8.1.3　面向对象的主要特性

面向对象具有封装性、继承性和多态性三种主要特性。

（1）封装性：顾名思义，就是将内容封装到某个地方，以后再去调用被封装的内容。对于面向对象的封装来说，封装是隐藏属性、方法与实现细节的过程，它其实就是使用构造方法将内容封装到对象中，然后通过对象直接或者通过 self 间接获取被封装的内容。

（2）继承性：从字面意思我们就很容易理解，即子可以继承父的内容。对于面向对象的继承来说，其实就是将多个类共有的方法提取到父类中，子类仅需继承父类而不必一一实现每个方法。也有的书上将父类、子类称为基类和派生类，叫法不同而已。

（3）多态性：多态性的意思就是在面向对象语言中，接口的多种不同的实现方式。也就是说就算不知道变量所引用的对象类是什么，还是能对它进行操作的，而且它也会根据对象（或类）类型的不同而表现出不同的行为。多态不是一个新的语法结构，简单地说多态指的是一类事物有多种形态。例如，父类和子类都存在相同的方法时，子类的方法覆盖了父类的方法，在代码运行的时候，总会调用子类的方法。这就是获得了继承的另一个好处——多态。

8.2　类和对象

8.2.1　类的创建

在面向对象程序设计中，首先定义一个类，类中包含对象的特征即类的数据和方法。类的定义完成后，就可以创建类的实例。

Python 使用 class 关键字来定义类，class 关键字之后是一个空格，然后是类的名字，再接着是一个冒号，最后换行并定义类的内部实现。其基本格式为：

```
class 类名：
    class_suite #类体
```

类名的命名规则同变量，命名风格在 Python 库中没有统一规定，一般首字母都大写，由多个单词组合而成。class_suite 由类属性、成员、方法组成。

【例 8-1】定义一个 Student 类。

```
class Student:
    name="Tom"        #定义一个 name 属性

>>>print(Student.name)
```

程序运行的结果为：

```
Tom
```

8.2.2 类的属性

此时我们定义了一个 Student 类，类中定义了 name 属性，默认值为"Tom"。该 name 就是类 Student 的属性，这种属性是定义在类中的，也称为类属性。类属性可以通过使用类名称来读取，也可以使用类的实例对象进行访问。

从实例输出中的 Student.name 我们可以知道类属性的访问方式为：

```
类名.属性
```

类属性是与类绑定的，如果要修改类的属性，必须使用类名访问它，此时不可以使用对象实例访问。比如：

```
class Student:
    name="Tom"

>>>print(Student.name)                    #语句 1
>>>Student.name="Mike"                     #语句 2
>>>print("name 的值被改为:",Student.name)      #语句 3
```

程序运行的结果为：

```
Tom                          #语句 1 的结果
name 的值被改为:Mike          #语句 2 和 3 的结果
```

这里，使用的 name 属性具有公有属性的特点，即直接在类外面进行访问。在 Python 中，没有 public 和 private 等关键字来区别公有属性和私有属性，而是使用属性命名方式来区分公有属性和私有属性。如果定义的属性不想被外部访问，则需要将它定义为私有的，私有属性的定义方法有所不同，需要在前面加两个下划线"_"。私有属性的意义在于保护数据，当不希望在类外部对其属性进行操作时，就需要使用私有属性了。除了加下划线格式的成员变量，其他的成员变量都是公有变量。将刚才的例子改成：

```
class Student:
    __name="Tom"

>>>print(Student.name)
```

程序运行的结果为：

```
Traceback (most recent call last):          #调取私有属性失败
    File "<pyshell#23>", line 1, in <module>
        print(Student.name)
AttributeError: type object 'Student' has no attribute '__name'
```

程序运行报错，提示找不到_ _name 属性，因为此时的 name 属性是私有属性，不能在类外通过对象名来访问。

除了公有属性和私有属性之外还有一种属性，即内置属性，其名字前后都有双下划线，通过 dir 能看到所有的属性：

```
>>> dir(Student)
['__class__','__delattr__','__dict__','__dir__','__doc__','__eq__','__format__','__ge__',
'__getattribute__','__gt__','___hash__','__init__','__init_subclass__','__le__','__lt__','__module
__','__ne__','__new__','__reduce__','__reduce_ex__','__repr__','__setattr_','__sizeof__','__str
__','__subclasshook__','__weakref__','name']
```

内置属性不需要定义，在 Python 基本架构中就存在。

8.2.3 创建对象

类定义了之后就可以创建对象。程序要完成相应的具体功能，需要根据类创建实例对象，通过实例对象完成具体的功能。

创建对象或者对象实例化，就是为类创建一个具体的实例化的对象，以便使用类的相关属性和方法。

Python 中创建一个类的实例很简单，可以直接赋值，写法如下：

```
对象名=类名（）
```

【例 8-2】定义一个 Student 类之后，可以创建类的对象实例。

```
class Student:
    name="Tom"          #定义一个 name 属性
    score=98            #定义一个 score 属性

    >>>s=Student（）
>>>print("姓名:%S,分数:%d"%(Student.name,Student.score))
```

输出结果为：

```
姓名:Tom,分数:98
```

此时的对象 s 实际相当于一个变量，可以使用它来访问类的属性和类的方法。

8.2.4 类的方法

属性是变量，方法其实就是函数。方法也称为成员函数，是指对象上的操作，作为类声明的一部分来定义，方法其实就是定义了对一个对象可以执行的操作。在类的内部，使用 def 关键字可以为类定义一个方法，或者称为类的成员函数，与一般函数不同，类方法必须包含且在类中定义方法时第一个参数必须是 self。self 就代表类的实例（对象）自身，可以使用 self 引用类的属性和类的方法。

方法也分为公有、私有和内置。与属性的私有性类似，两个下划线开头表示类的私有方法，其不能在类的外部调用，可以在类的内部调用，对象还可以对私有方法和属性间接访问，调用方式为：

```
实例化对象名._类名__私有方法名
```

一个以下划线开头表示类的保护（protected）方法，该方法只能在本类及其子类中被访问。

【例 8-3】定义一个 Student 类。

```
class Student:
    def _stu1(self):              #定义一个下划线的方法
        print("_stu1")
    def __stu2(self):             #定义两个下划线的方法
        print("__stu2")
    def stu3(self):               #定义不带下划线的方法
        print("stu3")

    >>> Student._stu1()           #语句 1
    >>> Student.__Stu2()          #语句 2
    >>> Student.stu3()            #语句 3
>>> s=Student()                   #类的实例化
>>> s._stu1()                     #语句 4
>>> s.__stu2()                    #语句 5
>>> s.stu3()                      #语句 6
>>>s._Student__stu2()             #语句 7
```

输出结果分别为：

```
Traceback (most recent call last):         #语句 1 的结果
  File "<pyshell#51>", line 1, in <module>
    Student._stu1()
TypeError: _stu1() missing 1 required positional argument: 'self'
Traceback (most recent call last):         #语句 2 的结果
  File "<pyshell#52>", line 1, in <module>
    Student.__stu2()
AttributeError: type object 'S' has no attribute '__stu2'
Traceback (most recent call last):         #语句 3 的结果
  File "<pyshell#53>", line 1, in <module>
    Student.stu3()
TypeError: stu3() missing 1 required positional argument: 'self'
_stu1                                      #语句 4 的结果
Traceback (most recent call last):         #语句 5 的结果
```

```
    File "<pyshell#44>", line 1, in <module>
        s.__stu2()
    AttributeError: 'Student' object has no attribute '__stu2'
    stu3                                    #语句 6 的结果
    __stu2                                  #语句 7 的结果
```

从例子中我们可以看出，实例化对象是不能直接访问双下划线开头的方法的，需要使用类名进行间接访问。

和内置属性一样，类中也有很多的内置方法，需要的时候拿来用就可以了。Python 类的一些内置方法如表 8-1 所示。

表 8-1 Python 类的一些内置方法

方法	方法描述	简单调用
__init__(self[,args,…])	构造函数 对象实例化过程会被调用	obj=className(args)
__del__(self)	析构方法 在删除一个对象时会被调用	del obj
__repr__(self)	转化为供解释器读取的形式	repr(obj)
__str__(self)	用于将值转化为适合于阅读的形式	str(obj)
__cmp__(self,x)	对象的比较	cmp(obj,x)

8.2.5 构造函数

构造函数是一种成员函数，用来在创建对象时初始化对象，也就是进行一些初始化的操作，在对象创建时就设置好了属性。如果用户没有重新定义构造函数，则系统自动执行默认的构造方法。这个方法不需要显示调用，当创建了这个类的实例时就会调用该方法。

构造函数是类的一个特殊函数，它拥有一个固定的名称，__init__（两个下划线开头和两个下划线结束）。当创建类的对象实例时系统会自动调用构造函数，通过构造函数对类进行初始化操作。定义__init__的写法如下：

```
def __init__(self)
    #要初始化给对象的代码
```

【例 8-4】在 Stu 类中使用构造函数的实例。

```
class Stu:
    def __init__(self):
        self.name="Tom"
    def  output(self):
        print(self.name);

>>>s=Stu()
>>>s.output()
```

输出结果为：

此时，在构造函数中，程序对公有变量设置了初始值"Tom"。可以在构造函数中使用参数，通常使用参数来设置成员变量值。

【例 8-5】在 Stu 类中使用带参数的构造函数的实例。

```
class Stu:
    def __init__(self, name, score):
        self.name=name
        self.score=score
    def output(self):
        print("stu is "+self.name+"\nscore is :"+self.score);

>>>s=Stu("Tom",95)
>>>s.output()
```

输出结果为：

```
stu is : Tom
score is : 95
```

这里，给__init__方法定义参数 self、name 和 score。__init__方法，在创建一个对象时默认被调用，不需要专门去调用。默认有一个参数名称为 self，在创建一个类的实例的时候，把参数包括在括号内跟在类名后面，从而传递给__init__方法，这也是构造函数的使用方法。

8.2.6　析构函数

__init__方法是构造函数，当创建对象后，Python 解释器会调用__init__方法。当删除一个对象来释放类所占用的资源时，Python 解释器会调用另外一个方法，也就是析构方法。

Python 析构函数有一个固定的名称，即__del__，当对象不再被使用时，__del__方法会被运行，删除对象，并释放它所占用的资源。

【例 8-6】析构函数的操作实例。

```
class Stu:
    def __init__(self, name, score):
        self.name=name
        self.score=score
    def __del__(self)
        print("已释放空间")

>>>s=Stu("Tom",95)
>>>del s                    #删除空间，触发析构函数
```

输出结果为：

```
已释放空间
```

在操作实例中，执行 del s 语句时，删除 s 对象因此触发析构函数，显示"已释放空间"。如果将语句改成 del s.name 语句，则不会显示"已释放空间"，它没有执行析构函数，只不过将 s 对象的 name 属性删除了。析构函数只有在整个实例对象被删除时才会被触发。

 ## 8.3 类的继承与重载

8.3.1 类的继承

面向对象编程的三大特性是封装、继承和多态。类的继承是面向对象的三大特性之一，继承可以解决编程中的代码冗余问题，是实现代码重用的重要手段。简而言之，就是一个新类可以通过继承来获得已有类的方法和属性，这个新类也可以自己定义新的方法和属性。

通过继承机制，编程人员可以很方便地继承其他类的工作成果。如果已经设计了一个类 A，可以从其派生出一个子类 B，类 B 拥有类 A 的所有属性和函数，这个过程就叫作继承。类 A 被称为类 B 的父类或基类，类 B 称为子类，也可以理解成类之间的类型和子类型的关系。创建子类时，父类必须包含在当前的文件中，且位于子类前面。

继承的语法格式如下：

```
class  子类名(父类名)
```

如现有一个类，类名为 A，定义如下：

```
class  A(object)
```

现要定义类 B 继承类 A，将类 B 当作类 A 的子类，则类 B 的定义如下：

```
class  B(A)
```

Python 中继承具有如下特点：

（1）在继承中父类的构造（_ _init_ _方法）不会被自动调用，它需要在其子类的构造中自己专门调用。

（2）在调用父类的方法时，需要加上父类的类名前缀，且需要带上 self 参数变量，以区别在类中调用普通函数时并不需要带上 self 参数。

（3）Python 总是首先查找对应类型的方法，如果它不能在子类中找到对应的方法，才到父类中逐个查找，也可以说先在本类中查找调用的方法，找不到才到父类中找。

如果在继承元组中列了一个以上的类，那么它就被称为"多重继承"或者"多继承"。同理，前面介绍的一个子类只有一个父类的情况称为单继承。多继承时，子类的声明，与它们的父类类似，继承的父类列表跟在类名之后，其用法为：

```
class   类名(父类名 1[父类名 2，…]):
    子类语句
```

注意：Python 中规定当继承多个类的时候，需要注意顺序问题，如果多个父类中有相同的属性和方法，只继承第一个，不会被后面的覆盖。

【例 8-7】类的继承操作实例。

```
class Parent:                       #定义父类
    parentNum=100
    def _ _init_ _(self):           #定义构造函数
        print("调用父类构造方法")
    def parentMethod(self):         #定义普通函数
        print("调用父类方法")
    def setNum(self,num):
        Parent.parentNum=num
    def getNum(self):
        print("父类属性:",Parent.parentNum)

class Child(Parent):                #定义子类
    def _ _init_ _(self):           #定义构造函数
        print("调用子类构造方法")
    def childMethod(self):          #定义普通函数
        print("调用子类方法")

>>>c=Child()                        #实例化子类
>>>c.childMethod()                  #调用子类的方法
>>>c.parentMethod()                 #调用父类方法
>>>c.setNum(1000)                   #调用父类方法设置属性
>>>c.getNum()                       #输出属性
```

实例化子类的输出结果为：

调用子类构造方法

调用子类 childMethod()方法的结果为：

调用子类方法

调用父类 parentMethod()方法的结果为：

调用父类方法

设置属性，然后输出属性结果时将值改为了 1000：

父类属性:1000

如果父类的定义不变，在子类的定义中加上语句 1 和语句 2 之后，再次执行，得到的结果变成：

```
class Child(Parent):
    def _ _init_ _(self):
        print("调用子类构造方法")
        Parent._ _init_ _(self)         #加上语句 1
```

```
        def childMethod(self):
            print("调用子类方法")
            Parent.parentMethod(self)        #加上语句 2

>>>c=Child()                               #实例化子类
>>>c.childMethod()                         #调用子类的方法
>>>c.parentMethod()                        #调用父类方法
>>>c.setNum(1000)                          #调用父类方法设置属性
>>>c.getNum()                              #输出属性
```

实例化子类的输出结果为：

```
调用子类构造方法
调用父类构造方法
```

调用子类 childMethod()方法的结果为：

```
调用子类方法
调用父类方法
```

调用父类 parentMethod()方法的结果为：

```
调用父类方法
```

设置属性，然后输出属性结果时将值改为了 1000：

```
父类属性:1000
```

在程序中，能够发现在继承中父类的构造方法不会被自动调用，如果需要调用父类的构造方法，需要加上父类的类名前缀，而且需要带上 self 参数变量，正如加入的语句 1 和语句 2 所写。

8.3.2 类的重载

重载就是在子类中重新定义父类方法，因为很多时候从父类继承过来的方法并不能满足当前类的需要。不仅方法可以重载（或者称为重写），运算符也可以重载，以适应子类进行相关操作。

1. 方法重载

在父类方法得到的功能不能满足需求时，可以在子类中重写父类的方法，此时执行子类的方法，不再执行父类的方法。

【例 8-8】方法的重载示例。

```
class Parent:                     #定义父类
    def myMethod(self):
        print("我是父类方法")

class Child:                      #定义子类
    def myMethod(self):
        print("我是改写过的子类方法")
```

```
>>>c=Child()
>>>c.myMethod()
```

程序运行的输出结果如下：

我是改写过的子类方法

在这个例子中，我们在 Child 子类中定义了新的方法 myMethod()，重载了父类的 myMethod()方法，最后输出的结果是子类中重载后的方法所输出的结果。值得注意的是，在重载时，相当于对父类继承过来的方法进行重新定义，就像变量重新赋值一样。

当我们重载父类方法后又需要使用父类方法时，可以通过"父类名.方法名"的形式进行直接调用。例如，我们在程序中加上语句 1 之后再执行程序，结果会发生变化。

```
class Parent:                          #定义父类
    def myMethod(self):
        print("我是父类方法")

class Child:                           #定义子类
    def myMethod(self):
        print("我是改写过的子类方法")
        Parent.myMethod(self)          #语句 1，调用父类方法

>>>c=Child()
>>>c.myMethod()
```

程序运行的输出结果如下：

我是改写过的子类方法
我是父类方法

2. 运算符重载

Python 语言提供了运算符重载功能，增强了语言的灵活性。

在 Python 中，运算符也是通过相应的函数来实现的，换句话说，运算符对应的其实就是类中的一些专有方法（或者称为魔法方法、魔术方法）。这些方法都是以双下划线开头和结尾的，例如，加、减、乘、除对应的就是_ _add_ _、_ _sub_ _、_ _mul_ _、_ _div_ _。可以在自定义类中重载这些方法来实现一些特殊的运算。Python 通过这些特殊的命名方式来拦截操作符，以实现重载。Python 类的一些常见运算符重载方法如表 8-2 所示。

【例 8-9】运算符的重载示例。

```
class Cal():
    def _ _init_ _(self,value):
        self.value=value
    def _ _mul_ _(self,x):             #重载运算符
        return self.value*x
    def _ _sub_ _(self,x):             #重载运算符
        return self.value-x

>>>c=Cal(5)
>>>c*10         #语句 1
```

>>>c-3   #语句 2

实例化对象后，当对象 c 后面跟了 "*" 这个符号时，就会自动调用 _ _mul_ _方法。重载 _ _mul_ _和_ _sub_ _方法就可以在对象 c 上添加 "*" "-" 运算符操作。

程序运行的输出结果分别为如下：

50	#语句 1 的结果
2	#语句 2 的结果

表 8-2　Python 类的一些常见运算符重载方法

方法名	功能说明
_ _add_ _()	+
_ _sub_ _()	-
_ _mul_ _()	*
_ _truediv_ _()	/
_ _floordiv_ _()	//
_ _mod_ _()	%
_ _pow_ _()	**
_ _repr_ _()	打印、转换
_ _setitem_ _()	按照索引赋值
_ _getitem_ _()	按照索引获取值
_ _len_ _()	计算长度
_ _call_ _()	函数调用
_ _contains_ _()	in（成员关系测试）
_ _eq_ _()、_ _ne_ _()、_ _lt_ _()、_ _le_ _()、_ _gt_ _()、_ _ge_ _()	= =、!=、<、<=、>、>=
_ _iadd_ _()、_ _isub_ _()	+=、-=
_ _str_ _()	转换为字符串
_ _and_ _()、_ _or_ _()、_ _invert_ _()、_ _xor_ _()	&、|、~、^
_ _lshift_ _()、_ _rshift_ _()	<<、>>
_ _new_ _()	静态方法，确定是否要创建对象
_ _bool_ _()	布尔测试

 8.4　实例应用

【例 8-10】班级迎新晚会节目报名，有三个人的总名额，让学生自发进行报名。可以单个人报名节目，也可以几人组合搭档同时报名，但是报名总人数不能超过总名额。报名满后不接受新的学生报名。要求如下：

（1）显示学生报名的空余名额、已报名的成员名单。

（2）学生报名人数及名单，第一次，"小王"报名；第二次，"小李、小张"组合节目报名；第三次，"小应"报名。

如果人数小于等于空余人数时，将添加报名人数和名单到节目组中，如果超过空余人数，则提示错误。

程序实现如下：

```
class classes:                          #定义类
    def __init__(self, Num):
            self.Num=Num                #学生表演剩余名额
            self.containsItem=[]
    def __str__(self):
        msg = "当前节目表演空余人数为:" + str(self.Num)
        if len(self.containsItem)>0:
            msg = msg +" 包括的学生有: "
            for temp in self.containsItem:
                msg = msg + temp.getName() + ", "
            msg=msg.strip(",")
        return msg
    def stuNum(self,item):              #包含学生
        needNum = item.getUsedNum()
        #如果学生节目表演空余名额大于学生人数
        if self.Num >= needNum:
        self.containsItem.append(item)
        self.Num -= needNum
        print("参加成功")
        else:
        print("错误:空余名额:%d,但是要参加的学生人数为%d"%(self.Num, needNum))

class Stu:                              #定义报名学生类
    def __init__(self,Num,name = '小王'):
        self.name = name
        self.Num = Num
    def __str__(self):
        msg = '学生报名人数:' + str(self.Num)
        return msg
    def getUsedNum(self):               #获取报名学生人数
        return self.Num
    def getName(self):                  #获取报名学生姓名
        return self.name
```

创建一个新对象，名额为 3 人：

```
>>> newclasses = classes(3)
>>> print(newclasses)
```

显示结果：

```
当前学习小组空余人数为:3
```

输入：

```
>>> newStu=Stu(1)
```

```
>>> print(newStu)
```

显示结果如下所示：

```
学生报名人数:1
>>> newclasses.stuNum(newStu)
参加成功                                    #显示结果，报名成功
>>> print(newclasses)                      #打印显示包含的学生姓名和空余人数
当前节目表演空余人数为:2 包括的学生有: 小王,
>>> newStu2 = Stu(2,'小李,小张')           #小李，小张报名
>>> print(newStu2)
学生报名人数:2
>>> newclasses.stuNum(newStu2)
参加成功
>>> print(newclasses)                      #输出已报名名单和空余人数
当前节目表演空余人数为:0 包括的学生有:小王, 小李,小张,
>>> newStu2 = Stu(1,'小应')
>>> print(newStu2)
学生报名人数:1
>>> newclasses.stuNum(newStu2)
错误:学生节目表演空余名额:0,但是要参加的学生人数为 1
>>> print(newclasses)
当前学习小组空余人数为:0 包括的学生有: 小王, 小李,小张,
>>>
```

 小　　结

本章学习了面向对象程序设计的基本概念、Python 中类和对象的使用方法，包括创建类、类的实例化、定义类的属性和类的方法、类的继承和重载等内容。

通过这一章的学习我们可以知道类是创建实例的模板，而实例则是一个个具体的对象，每个实例拥有的数据都互相独立，互不影响。通过在实例上调用方法，就直接操作了对象内部的数据，但无须知道方法内部的实现细节。

同时结合操作实例，我们也了解了面向对象的三大基本特性，即封装、继承和多态。

 习　　题

一、判断题

1．Python 中一切内容都可以称为对象。　　　　　　　　　　　　　　（　　）

2．父类从子类继承方法。　　　　　　　　　　　　　　　　　　　　（　　）

3．在类定义中隐藏对象的细节称为实例化。　　　　　　　　　　　　（　　）

4．Python 方法定义的第一个参数是 this。　　　　　　　　　　　　（　　）

5．Python 语言类中定义的函数会有一个名为 self 的参数，调用函数时，不传实参给

self，所以调用函数的实参个数比函数的形参个数少 1。 （ ）

6．在 Python 语言中，子类中的同名方法将自动覆盖父类的同名方法。 （ ）

7．在 Python 语言中，运算符是可以重载的。 （ ）

8．一个类的每个对象将具有相同的值。 （ ）

9．当创建一个新对象时，必须由程序员显式调用__init__方法。 （ ）

10．在 Python 语言的面向对象程序中，属性有两种：类属性和实例属性，它们分别通过类和实例访问。 （ ）

二、填空题

1．在 Python 中，通过_____关键字定义类。

2．定义一个类的私有方法，Python 的惯例是使用_____开始方法的。

3．面向对象程序设计的三个基本特性是_____、_____、_____。

三、选择题

1．在每个 Python 类中，都包含一个特殊的变量是（ ）。它表示当前类自身，可以使用它来引用类中的属性和方法。

A．this B．me C．self D．与类同名

2．构造函数是类的一个特殊函数，在 Python 中，构造函数的名称是（ ）。

A．与类同名 B．init C．_init_ D．__init__

四、程序阅读题

1．写出下面程序的运行结果。

```python
class A:
    def __init__(self,a=10):
        self.a=a

class B(A):
    def __init__(self,b=20):
        super().__init__()
        self.b=b

def main()
x=B()
print(x.a,x,b)
```

2．写出下面程序的运行结果。

```python
class A:
    def __init__(self,a=10):
        self.a=1
    def new(self):
        self.a=10

class B(A):
    def new(self):
        self.a+=1
```

```
            return self.a
    def main()
    x=B()
    print(x.new())
```

五、编程题

1．继承例 8-2 中的 Student 类生成 ITEES 类，定义新的方法用来设置学生专业，然后生成该类对象并显示信息。

2．设计一个形状类，通过类的继承生成位于形状类下的 3 个子类，即三角形类和正方形类、圆形类。在形状子类中分别计算三角形、正方形、圆形的面积。要求，通过在子类中重载父类中的计算面积方法，以此求得不同形状的面积。

第 9 章　错误和异常处理

本章学习要求

➤ 了解错误和异常的概念

➤ 了解常见异常错误的种类

➤ 使用 try…except…else…finally 结构处理异常

9.1　异常概述

在编写程序时，经常会出现各种错误，有的是语法错误，此类错误很容易找出来，解释器在进行语法检查时如果不符合其语法就会给出错误信息，比如括号不匹配、变量名拼写错误、用关键字作为变量名等；有的是逻辑错误，程序能运行，但是结果不对，比如求解问题的算法本身就有错误；有的是运行错误，程序可以执行，但是在执行过程中发生了错误，程序提前退出，比如试图打开一个不存在的文件，又或者在进行除法操作时，除数为 0，此类错误很难发现。

【例 9-1】两数相除，除数为零示例。

```
print("请输入两个整数")
a=int(input())
b=int(input())
c=a/b;
print("两个整数的商是：{}".format(c))
```

程序运行时，输入 5 和 6，则运行结果如下：

```
请输入两个整数
5
6
两个整数的商是：0.8333333333333334
```

而程序运行时，输入 5 和 0，则程序运行结果如下：

```
请输入两个整数
5
```

```
0
Traceback (most recent call last):
    File "D:/Users/admin/Desktop/test.py", line 4, in <module>
        c=a/b;
ZeroDivisionError: division by zero
```

可以看到程序出现了"ZeroDivisionError: division by zero"错误，因为 0 不能作为除数，所以程序在运行过程中会出现以上错误。

除了"ZeroDivisionError"，Python 还有其他异常，常见的异常如表 9-1 所示。

表 9-1　常见异常

异常名称	说　　明
NameError	尝试访问一个没有声明的变量
ZeroDivisionError	除数为 0
SyntaxError	语法错误
IndexError	索引超出序列范围
KeyError	请求一个不存在的字典关键字
IOError	输入/输出错误（比如要读的文件不存在）
AttributeError	尝试访问未知的对象属性
ValueError	传给函数的参数类型不正确，比如给 int()函数传入字符串
FileNotFoundError	未找到指定文件

9.2　异常处理

在运行程序时，有些错误并不一定会出现，若输入的数据符合程序的要求，程序可以正常运行，否则程序会遇到异常并给出错误信息。比如例 9-1 中，当除数为 0 时，程序提前退出，程序员可以对出现的异常进行处理，以提高程序的稳健性。

9.2.1　使用 try…except 语句处理异常

在 Python 中，可以通过 try…except 处理异常。在编写时，可以把可能出现异常的代码放在 try 语句块中，把处理的结果放在 except 语句块中。这样在执行 try 语句块时如果发生错误，程序就会去执行相应的 except 语句块。相反地，如果在执行 try 语句块的时候未发生错误，那么程序将不会执行 except 语句块，其语法如下：

```
try:
    可能会发生异常的语句块
except 异常类型 1:
    处理异常类型 1 的语句块
except 异常类型 2:
    处理异常类型 2 的语句块
```

```
    ...
    except  异常类型 n:
        处理异常类型 n 的语句块
    except:
        提示其他异常语句块
```

程序在执行 try 语句块时如果发生了异常类型 i(i=1，2，…，n)，那么程序会相应地去执行处理异常类型 i 的语句块，一个程序中可以含有多个 except 语句块。

【例 9-2】处理两个整数相除可能出现的异常。

```
try:
    print("请输入两个整数")
    a=int(input())
    b=int(input())
    c=a/b
    print("两个整数的商是：{}".format(c))
except ZeroDivisionError:
    print("除数不能为 0")
except ValueError:
    print("输入的数据不能转化为整数")
```

程序运行时，输入 5 和 0，由于除数不能为 0，此时发生了 ZeroDivisionError 异常，所以会去执行语句 print("除数不能为 0")，则运行结果如下：

```
请输入两个整数
5
0
除数不能为 0
```

而当程序运行时，不小心输入"被除数是 5"，由于输入的内容不能转化为整数，此时会发生 ValueError 异常，所以会去执行 print("输入的数据不能转化为整数")，则程序运行结果如下：

```
请输入两个整数
被除数是 5
输入的数据不能转化为整数
```

9.2.2　使用 try…except…else 语句处理异常

除了使用 try…except 这样的结构，还可以使用 try…except…else 这样的结构来处理异常。在 try…except 后面加上 else，else 部分为没有出现异常时需要执行的语句块。

```
try:
    可能会发生异常的语句块
except  异常类型 1:
    处理异常类型 1 的语句块
except  异常类型 2:
    处理异常类型 2 的语句块
...
except  异常类型 n:
    处理异常类型 n 的语句块
```

```
except:
    提示其他异常语句块
else:
    未出现异常时执行的语句块
```

【例 9-3】在 D 盘下存放着一个文件 test.txt，里面存有一些英文单词，读取这些单词，并将首字母大写，然后打印到屏幕上。

```
try:
    file=open("D:\\test.txt","r+")
except FileNotFoundError:
    print("未找到指定文件")
else:
    strings=file.read()
    newstr=strings.title()
    print(newstr)
    file.close()
```

如果 D 盘不存在 test.txt 这个文件，以只读"r+"方式打开一个不存在的文件，则会出现"FileNotFoundError"异常，因此会打印：

```
未找到指定文件
```

9.2.3 使用 try…except…else…finally 语句处理异常

用这类结构来处理异常，无论程序中是否有异常，finally 语句块中的代码都会被执行。其语法如下：

```
try:
    可能会发生异常的语句块
except 异常类型 1:
    处理异常类型 1 的语句块
except 异常类型 2:
    处理异常类型 2 的语句块
...
except 异常类型 n:
    处理异常类型 n 的语句块
except:
    提示其他异常语句块
else:
    未出现异常时执行的语句块
finally:
    finally 语句块
```

无论是否检测到异常，finally 子句都会被执行。我们可以丢掉 except 子句和 else 子句，单独使用 try…finally，也可以配合 except 等使用。

例如在例 9-3 中对文件进行操作时，如果出现了其他读写异常，程序无法捕获异常而提前退出，那么文件对象 file 就没有被正常关闭。这不是我们所希望看到的结果。我们可以把 file.close 语句放到 finally 语句中，无论是否有异常，都会正常关闭这个文件，这既安全又可以减少内存开销。但是如果写成：

```
try:
    file=open("D:\\test.txt","r+")
except FileNotFoundError:
    print("未找到指定文件")
else:
    strings=file.read()
    newstr=strings.title()
    print(newstr)
finally:
    file.close()
```

在执行 open("D:\\test.txt","r+")打开文件时，即使出现了异常，也会去执行 finally 中的语句块，假设在 D 盘不存在 test.txt，则程序会出现以下异常：

```
未找到指定文件
Traceback (most recent call last):
    File "D:/Users/itee/Desktop/tt.py", line 11, in <module>
        file.close()
NameError: name 'file' is not defined
```

这是因为 open("D:\\test.txt","r+")打开文件失败，没有产生 file 对象，因此会产生 NameError 异常，解决的方法是可以将读写放入 else 语句块中，实现 try…except 结构的嵌套。

【例 9-4】在 D 盘下存放着一个文件 test.txt，里面存有一些英文单词，读取这些单词，并将首字母大写，然后打印到屏幕上，要求用 try…except…finally 结构实现捕获异常。

```
try:
    file=open("D:\\test.txt","r+")
except FileNotFoundError:
    print("未找到指定文件")
else:
    print("文件打开成功")
    try:
        strings=file.read()
        newstr=strings.title()
        print(newstr)
    except ValueError:
        print("程序出现了 ValueError")
    finally:
        file.close()
```

9.2.4　使用 raise 语句显式地抛出异常

如果在某个函数中可能会发生异常，但是程序员不想在该方法中处理这个异常，Python 允许程序员自己主动地抛出异常，可以用 raise 关键字来实现，其语法如下：

```
raise [异常类别("字符串")]
```

其中，异常类别("字符串")用于指定抛出的异常名称和一些提示信息，该参数可选，如果缺省，就会把异常信息原样抛出。

【例 9-5】从键盘输入一个百分制成绩，判断其是否通过，通过的依据是成绩大于等于 60 分，如果通过，则在屏幕上打印"恭喜你，考试通过"，如果未通过，则在屏幕上打印 "本次考试未通过，要继续努力"，如果输入的成绩不在 0 到 100 分范围内，则提示"输入 错误"。

```python
def fun(n):
    if 100>=n>=60:
        print("恭喜你，考试通过")
    elif 60>n>=0:
        print("本次考试未通过，要继续努力")
    else:
        raise ValueError("输入错误")

try:
    n=int(input("请输入一个成绩:"))
    print(n)
    fun(n)
except ValueError as e:
    print("程序出错了",e)
```

9.2.5 使用 with…as 语句块自动管理资源

Python 还提供一个 with…as 语句块来自动管理资源，不用人为来释放资源，可以代替 finally 代码块。在 as 后面声明一个资源变量，当 with…as 语句块结束后会自动释放资源。

【例 9-6】用 with…as 代码块实现例 9-3。

```python
try:
    with open("D:\\test.txt","r+") as file:
        strings=file.read()
        newstr=strings.title()
        print(newstr)
except FileNotFoundError:
    print("未找到指定文件")
```

上例中，with open("D:\\test.txt","r+") as file 可以创建一资源对象，通过 as 赋值给 file 变量，在 with…as 代码块中包含了对文件操作的一些代码，完成后文件会自动关闭，即资源会自动释放，这里采用了自动管理资源后就不再需要 finally 代码块来关闭文件了。

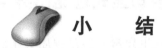 小　结

程序运行过程中难免会遇到各种错误，在 Python 中可以通过异常处理来提高程序的健壮性。本章主要对异常处理语句进行了讲解，重点介绍了如何使用异常处理语句捕获和抛出异常。通过本章学习，读者应掌握 Python 中常见异常处理语句的使用。

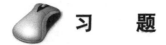

习 题

编程题

1．从键盘输入一个月份，打印其对应的天数，要考虑闰年情况，要求使用异常处理机制来处理用户输入的各种情况。

2．已知 D 盘有一个文件 source.txt，从键盘输入一个整数 x，要求将 source.txt 中能被 x 整除的整数写入到文件 destination.txt 中，要求使用异常处理机制来处理用户输入的各种情况及文件是否存在。

3．提供一个字符串元组，要求该元组中每个字符串都包含子串"zust"，否则程序引发异常。

第 10 章　Python 科学计算与数据分析开发基础

本章学习要求

➢ Python 科学计算生态系统 SciPy 简介
➢ NumPy
➢ SciPy
➢ Matplotlib

　　Python 作为目前最受欢迎的程序设计语言之一，它有着众多专用的科学计算扩展库。这些扩展库能够为实际的工程实践或者科研人员提供快速的数组处理、数值计算及图表绘制功能，甚至开发出用于科学计算的应用程序。本章主要介绍使用 Python 做科学计算与数据分析常用的 4 个扩展库，并简要讲解它们的一些基本操作。

 ## 10.1　科学计算生态系统 SciPy 简介

　　随着 NumPy、SciPy、Matplotlib 等第三方库的开发，Python 越来越适合于进行科学计算、绘制高质量的 2D 和 3D 图像。

　　SciPy 是一款方便、易于使用、专为科学和工程设计的 Python 工具包，它包括了最优化、线性代数、积分、插值、特殊函数、快速傅里叶变换、信号处理和图像处理、常微分方程求解和其他科学与工程中常用的计算工具模块。SciPy 通常与 NumPy 和 Matplotlib 一起配合使用，能够提供一个强大的科学计算环境，有助于使用者利用 Python 完成数据科学计算或机器学习工作。

10.2　NumPy

NumPy 是 Python 的一个用于科学计算的工具包，提供了许多高级的数值编程功能，如矩阵处理、矢量计算及一些复杂的运算方法。其具体的功能主要包括如下：

- 创建一个 *N* 维的数据对象 Array。
- 成熟的函数计算库。
- 用于整合 C/C++和 Fortran 代码的工具包。
- 使用的线性代数、傅里叶变换和随机数生成函数等。

NumPy 虽然是 Python 的一个扩展工具，但其在处理和存储大型的数据矩阵方面，要比 Python 自带的嵌套列表结构要高效得多。此外，NumPy 内部已经解除了 Python 的 PIL（全局解释器锁），运行效率得到了极大的提升，在机器学习的学习框架中被广泛应用。

10.2.1　数组的属性

NumPy 数组中有着许多重要的对象属性，可以帮助我们方便地查看所创建的数组信息。

比如 NumPy 数组的维数我们称为秩，所谓的秩也就是轴的数量，一维数组的秩为 1，二维数组的秩为 2，以此类推。在 NumPy 中，可以通过 ndarray.ndim 属性来查看数组的维数。

```
>>> a=np.arange(3)
>>> print('数组 a 的维数为：',a.ndim)
数组 a 的维数为：　1
>>> b=np.array([[1],[2],[3]])
>>> print('数组 b 的维数为：',b.ndim)
数组 b 的维数为：　2
```

为了保证在进行数据计算时的便利性，有时候我们需要查看一个数组的大小，这时我们就可以通过 ndarray.shape 属性来完成具体的查看工作。以二维数组为例，通过运行以下代码就可以获得数组的行数和列数的大小。

```
>>> c=np.array([[3,4,5],[6,7,8]])
>>> print('数组 c 的大小为：',c.shape)
数组 c 的大小为：　(2, 3)
```

当然，如果你不满意当前数组的大小，还可以利用 NumPy 的 ndarray.reshape 属性来调整当前数组的大小。

```
>>> c=np.array([[3,4,5],[6,7,8]])
>>> print('当前数组为：\n',c)
当前数组为：
 [[3 4 5]
 [6 7 8]]
>>> d=c.reshape(3,2)
```

```
>>> print('调整后的数组为：\n',d)
调整后的数组为：
 [[3 4]
 [5 6]
 [7 8]]
```

另外，我们可以通过 ndarry.dtype 属性来查看对象的类型，以此来避免计算过程由于类型不匹配而终止。

```
>>> e=np.array([[3,4,5],[6,7,8]])
>>> print('当前对象的类型为：',e.dtype)
当前对象的类型为： int32
```

10.2.2 数组的创建

NumPy 为用户提供了许多形状的数组快捷创建方法，除了使用底层 ndarray 构造器来创建，也可以通过以下几种方式来创建。

（1）使用 numpy.empty 方法创建一个指定形状、数据类型而且未初始化的数组。

其构造方法为：numpy.empty(shape,dtype = float,order = 'C')

具体的参数说明如表 10-1 所示。

表 10-1　empty 函数参数说明

参数	参数描述
shape	对创建数组的形状进行定义
dtype	对创建数组的数据类型进行定义，可选
order	包含 "C" 和 "F" 两个选项，分别表示行优先和列优先，表示在内存中的存储顺序

下面通过该方法创建一个空数组实例：

```
>>> f=np.empty([2,2],dtype=float)
>>> print('创建的未初始化的数组为：\n',f)
创建的未初始化的数组为：
 [[3.66e-322 0.00e+000]
 [0.00e+000 0.00e+000]]
```

注意：上述创建的数组处于未初始化状态，数据元素均为随机值。

（2）使用 numpy.zeros 方法创建一个指定数组大小、数组元素全为 0 的数组。

其构造方法为：numpy.zeros(shape,dtype = float,order = 'C')

相关的参数说明可以参考表 10-2。

表 10-2　zeros 函数参数说明

参数	参数描述
shape	对创建数组的形状进行定义

参数	参数描述
dtype	对创建数组的数据类型进行定义，可选。默认为 float64 类型
order	包含"C"和"F"两个选项，"C"表示与 C 语言类似，"F"用于 Fortran 的列数组

下面通过具体的实例来说明该方法的使用：

```
>>> x=np.zeros(6)
>>> print(x)
[0. 0. 0. 0. 0. 0.]
>>> y=np.zeros((6),dtype=np.int)
>>> print(y)
[0 0 0 0 0 0]
```

在以上实例中我们通过 numpy.zeros 方法创建了两个全 0 数组，并根据 dtype 属性设置了数组的数据类型。当然，我们也可以根据自己的需要自定义数组的数据类型，具体的定义方法如下：

```
>>> m=np.zeros((2,2),dtype=[('x','i4'),('y','i4')])
>>> print(m)
[[(0, 0) (0, 0)]
 [(0, 0) (0, 0)]]
>>> n=np.zeros((2,2),dtype=[('x','i4'),('y','f4')])
>>> print(n)
[[(0, 0.) (0, 0.)]
 [(0, 0.) (0, 0.)]]
```

（3）使用 numpy.ones 方法创建一个指定形状，数组元素全为 1 的数组。

其构造方法为：numpy.ones(shape,dtype = None,order = 'C')

相关参数说明如表 10-3 所示。

表 10-3　ones 函数参数说明

参数	参数描述
shape	对创建数组的形状进行定义
dtype	对创建数组的数据类型进行定义，可选。默认为 float64 类型
order	"C"用于 C 的行数组，或者"F"用于 Fortran 的列数组

通过下面的例子，我们可以清楚地知道该方法的具体作用：

```
>>> w=np.ones((3,3),dtype=int)
>>> print(w)
[[1 1 1]
 [1 1 1]
 [1 1 1]]
```

10.2.3　数组的操作和运算

针对 NumPy 数组的操作和运算多种多样，而其中我们经常用到的大致包括等差数列的生成、数组的切片操作、数组的连接操作、数组的分割操作及数组的加减乘除运算等。下面通过具体的例子详细介绍上述操作步骤。

1. 等差数列的生成

在 NumPy 中，我们可以使用 arange 函数创建在一定数值范围内的 ndarray 对象，根据设定的数值范围和步长大小，能够得到不同差值的等差数列。arange 函数的格式如下：

```
numpy.arange(start, stop, step, dtype)
```

相应的参数说明如表 10-4 所示。

表 10-4　arange 函数参数说明

参数	参数描述
start	数值范围的起始值，默认为 0
stop	数值范围的终止值
step	步长，默认为 1
dtype	创建的 ndarray 对象的数据类型。在未指定时，使用输入数据的类型

通过运行下面代码，可以得到一个初值为 0，差值为 2 的等差数列。

```
>>> arith_pro=np.arange(0,10,2)
>>> print(arith_pro)
[0 2 4 6 8]
```

2. 数组的切片操作

针对 ndarray 对象，NumPy 提供了类似于 Python 中 list 切片操作相似的功能。ndarray 数组能够基于 0 到 n 的下标进行索引，切片对象可以通过内置的 slice 函数从原数组中切割出一个新数组。我们只需要通过 ndarray[slice(start,stop,step)]方法就可以实现 ndarray 对象的切片操作。

实例代码如下所示：

```
>>> a=np.arange(10)
>>> print('原数组：\n',a)
原数组：
 [0 1 2 3 4 5 6 7 8 9]
>>> print('切片获取的数组：\n',a[slice(2,7,2)])
切片获取的数组：
 [2 4 6]
```

除了上述的切片方法，我们还可以通过冒号分隔切片参数 start:stop:step 来进行切片操作，例如：

```
>>> print('切片获取的数组：\n',a[0:8:1])
切片获取的数组：
 [0 1 2 3 4 5 6 7]
```

在此处的冒号分割符中，如果只放置一个参数，则返回的结果是与该索引对应的单个元素。如果放置的参数为[start:]，则表示获取从该索引开始后的所有项。如果放置了两个参数的话，则表示获取两个索引之间的项。

3. 数组的连接操作

在使用 NumPy 数组的时候，我们经常会遇到将两个数组合并为一个数组的情况，此时我们就可以使用下面的两个方法将两个数组进行连接。

使用 numpy.hstack 方法在水平方向上连接两个数组：

```
>>> a=np.array([[1,2],[3,4]])
>>> b=np.array([[5,6],[7,8]])
>>> c=np.hstack((a,b))
>>> print('第一个数组：\n',a)
第一个数组：
 [[1 2]
 [3 4]]
>>> print('第二个数组：\n',b)
第二个数组：
 [[5 6]
 [7 8]]
>>> print('连接二个数组：\n',c)
连接二个数组：
 [[1 2 5 6]
 [3 4 7 8]]
```

使用 numpy.vstack 方法在垂直方向上连接两个数组：

```
>>> c=np.vstack((a,b))
>>> print('连接二个数组：\n',c)
连接二个数组：
 [[1 2]
 [3 4]
 [5 6]
 [7 8]]
```

4. 数组的分割操作

现在我们已经知道了如何将两个数组合并为一个数组，但如果我们需要将一个数组拆分为两个数组时，该如何去操作呢？答案是数组的分割操作。

我们可以使用 numpy.split 函数将一个数组沿着特定的方向进行分割，其构造的格式如下：

```
numpy.split(ary,indices_or_sections,axis)
```

对应的参数说明可参考表 10-5。

表 10-5 split 函数参数说明

参数	参数描述
ary	被分割的数组

参数	参数描述
indices_or_sections	如果是一个整数，就用该数平均切分数组。如果是一个数组，则沿轴的位置（左开右闭）进行切分
axis	表示数组的切分方向，默认为 0，表示横向切分；为 1 时，表示纵向切分

可以通过以下实例来了解该类方法的实现原理：

```
>>> x=np.array([[1,2,3],[4,5,6],[7,8,9]])
>>> print('原数组：\n',x)
原数组：
 [[1 2 3]
 [4 5 6]
 [7 8 9]]
>>> print('沿水平方向分割数组：\n',np.split(x,3))
沿水平方向分割数组：
 [array([[1, 2, 3]]), array([[4, 5, 6]]), array([[7, 8, 9]])]
>>> print('沿垂直方向分割数组：\n',np.split(x,3,axis=1))
沿垂直方向分割数组：
 [array([[1],
        [4],
        [7]]), array([[2],
        [5],
        [8]]), array([[3],
        [6],
        [9]])]
```

类似于数组的连接操作，我们也可以使用 numpy.hstack 或 numpy.vstack 函数直接将一个数组进行水平或垂直方向分割，其分割方式和 numpy.split 的用法相同，此处不再赘述。

5. 数组的加减乘除运算

除了上述的数组操作方法，NumPy 还提供了一些基本的算术运算函数。例如，我们可以对 NumPy 数组进行常用的加减乘除操作。

我们可以使用 numpy.add 方法实现两个 NumPy 数组的加法运算，例如：

```
>>> a=np.ones([3,3],dtype=float)
>>> b=np.array([6,6,6])
>>> arr_add=np.add(a,b)
>>> print('数组 a：\n',a)
数组 a：
 [[1. 1. 1.]
 [1. 1. 1.]
 [1. 1. 1.]]
>>> print('数组 b：\n',b)
数组 b：
 [6 6 6]
>>> print('两个数组的加法运算：\n',arr_add)
两个数组的加法运算：
 [[7. 7. 7.]
 [7. 7. 7.]
 [7. 7. 7.]]
```

我们可以使用 numpy.subtract 方法进行两个数组的减法运算，例如：

```
>>> arr_sub=np.subtract(a,b)
>>> print('两个数组的减法运算：\n',arr_sub)
两个数组的减法运算：
 [[-5. -5. -5.]
 [-5. -5. -5.]
 [-5. -5. -5.]]
```

进一步，我们可以使用 numpy.multiply 方法实现数组的乘法运算，例如：

```
>>> arr_mul=np.multiply(a,b)
>>> print('两个数组的乘法运算：\n',arr_mul)
两个数组的乘法运算：
 [[6. 6. 6.]
 [6. 6. 6.]
 [6. 6. 6.]]
```

此外，还可以利用 numpy.divide 方式进行数组之间的除法，例如：

```
>>> print('两个数组的除法运算：\n',arr_div)
两个数组的除法运算：
 [[0.16666667 0.16666667 0.16666667]
 [0.16666667 0.16666667 0.16666667]
 [0.16666667 0.16666667 0.16666667]]
```

 10.3 Pandas

在上一小节中，我们详细介绍了 NumPy 的一些常见的使用方法，本节将对 Pandas 的数据结构及其常用的统计分析方法进行介绍。

Pandas 是一款开放源码的 Python 扩展库，为 Python 编程语言提供了高性能、易于使用的数据结构和数据分析工具。Pandas 主要用于金融、经济、统计、分析等学术和商业领域。

10.3.1 数据结构

Pandas 是科学计算领域常用的三大软件库之一，其处理的数据结构类型包括系列（Series）、数据帧（DataFrame）和面板（Panel）。考虑这些数据结构的最好方法是，较高维数据结构是其较低维数据结构的容器。例如，数据帧是系列的容器，面板是数据帧的容器。其维数大小及相关描述可参见表 10-6。

表 10-6 Pandas 数据结构

数据结构	维数	参数描述
系列	1	1D 标记均为数组类型，其大小不变

续表

数据结构	维数	参数描述
数据帧	2	一般为 2D 标记，表示大小可变的表结构与潜在的异质类型的列
面板	3	一般 3D 标记，表示大小可变数组

系列一般是具有一维结构的数组，其大小不可被改变，而其中所包含的数据值是能够改变的。而数据帧一般表示为一个具有异构数据的二维数组，其大小和帧中包含的数据均可改变。面板是具有异构数据的三维数据结构，所以在图形中很难表示面板，但是一个面板可以为数据帧的容器。此外，构建和处理两个或两个以上维数的数组是一项烦琐的任务，用户在编写函数时要考虑数据集的方向。

10.3.2 数据的读取

数据分析、数据挖掘、可视化是 Python 的众多强项之一，但无论是这几项中的哪一项都必须以数据作为基础。Pandas 提供了多种类型的数据读取功能，包括我们在数据分析中经常接触到的一些 CSV 文件、Excel 文件、Table 数据及数据库数据，大大简化了使用者对数据的处理过程。

1. CSV 数据文件读取

CSV 是一种逗号分隔的文件格式，因为其分隔符不一定是逗号，又被称为字符分隔文件。

CSV 文件数据读取格式为：

pandas.read_csv(数据文件名,seq=',',header='infer',names=None,index_col=None,dtype=None,engine=None,nrows=None)

另外，对于 txt 文件，我们也可以使用 read_csv()方法进行数据读取，当然也使用相同的方法写入文件中。

2. Excel 数据文件读取

Excel 文件数据读取格式为：

pandas.read_excel(path,sheet_name = ['表 1','表 2'])

利用上面的方法，可以轻松取出指定 Excel 文件中的多个数据表。

3. Table 数据读取

Table 文件数据读取格式为：

pandas.read_table(文件名,sep=',',header=None,usecols=[1,2],names=['date','power'],nrows=10)

其中，sep 表示数据分隔符，header 默认为 None，表示所有数据范围，usecols 表示选取指定列，这里选定第 2、3 列，names 用于指定列名，nrows 代表取前多少行，这里取前 10 行。

4. 数据库读取

除了读取数据文件数据，Pandas 还提供了数据库数据的读取方法，下面以 MySQL 数据库为例，介绍其数据读取方法。

MySQL 数据库数据读取格式：

pandas.read_sql(sql,con,index_col = None,coerce_float = True,params = None,parse_dates = None,columns = None,chunksize = None)

MySQL 数据库读取方法中的参数说明可参见表 10-7。

表 10-7　MySQL 数据库读取命令参数

参数名	描述
sql	执行的 SQL 语句或操作的表名
con	数据库连接的参数配置
index_col	可选的字符串或字符串列表，默认为 None
coerce_float	布尔值，默认为 True。尝试将非字符串或非数字对象的值转换为浮点型
params	要传递给执行方法的参数列表，默认为 None
parse_dates	要解析为日期的列表，默认为 None
columns	从 SQL 表中选择的列名列表，默认为 None
chunksize	包含在每个块中的行数，默认为 None

10.3.3　数据统计与分析

Pandas 对象拥有一组常用的数学和统计方法，大部分都属于简化和汇总统计，用于从 Series 中提取单个的值，或者从 DataFrame 的行或列中提取一个 Series。Pandas 模块为我们提供了非常多的描述性统计分析的指标函数，如总和、均值、最小值、最大值等，我们来具体看看这些函数。

首先，我们创建一个数据帧（DataFrame）。

```
import numpy as np
import pandas as pd
data = pd.DataFrame([[1, 2, 3],  [4, 5, 6],   [7, 8, 9]],columns=['x1','x2','x3'])
    # 创建数据帧
print(data)
```

输出结果：

```
   x1  x2  x3
0   1   2   3
1   4   5   6
2   7   8   9
```

我们可以利用 Pandas 的统计计算工具快速实现数据的最小值、最大值获取，以及均值计算、标准差计算、方差计算等。在这里我们通过定义一个函数来汇总这些统计指标。

```
def status(x) :
    return pd.Series([x.min(),x.mean(),x.max(),x.std(),data.var()],
                index=['最小值','均值','最大值','标准差','方差'])
```

通过调用上面定义的 status 函数，可以得到如下结果：

```
最小值          x1    1
x2    2
x3    3
dtype: int64
均值       x1    4.0
x2    5.0
x3    6.0
dtype: float64
最大值          x1    7
x2    8
x3    9
dtype: int64
标准差       x1    3.0
x2    3.0
x3    3.0
dtype: float64
方差       x1    9.0
x2    9.0
x3    9.0
dtype: float64
```

通过上面的运行结果可以看到，Pandas 会根据数据帧的列标签分别对数据进行计算，而不需要我们对其进行一些特别的设置，从而大大降低了计算的复杂性。

10.4 Matplotlib

Matplotlib 是 Python 的 2D＆3D 开源绘图库，可以处理数学运算、绘制图表，或者在图像上绘制点、直线和曲线。

Matplotlib 通过 pyplot 模块提供了和 MATLAB 类似的绘图 API，将众多绘图对象所构成的复杂结构隐藏在这套 API 内部。

Matplotlib 是 Python 2D 绘图领域使用最广泛的套件，可应用于 Python 脚本、Python 和 IPython shell、Jupyter 笔记本，甚至 Web 应用程序服务器。它能让使用者很轻松地将数据图形化，并且提供多样化的输出格式，只需几行代码即可生成各种常见的图形。

注意：在安装 Matplotlib 之前需要先安装 NumPy。

10.4.1 Matplotlib 绘图基本方法

【例 10-1】在 Matplotlib 绘图结构中，通过 figure 面板创建窗口，再通过 subplot 创建子图。所有的绘画只能在子图上进行。下面我们先尝试用默认配置在同一张图上绘制正弦和余弦函数图像，然后逐步美化它。

代码示例如下：

```
import numpy as np
import matplotlib.pyplot as plt          # 导入 Matplotlib 库
X = np.arange(-np.pi,np.pi,np.pi/180)     # 设定横坐标变化范围[-pi，pi]
C,S = np.cos(X), np.sin(X)                # 生成余弦曲线和正弦曲线
plt.plot(X,C)                             # 绘制余弦曲线
plt.plot(X,S)                             # 绘制正弦曲线
plt.show()
```

绘制的图形如图 10-1 所示。

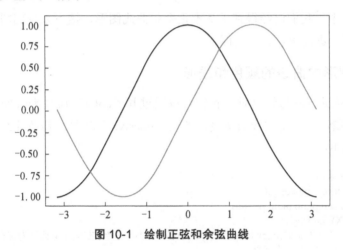

图 10-1　绘制正弦和余弦曲线

在默认的绘图配置下，我们只需要给定图形的横、纵坐标范围，就可以通过 plt.plot 方法得到我们所需要的图形。

【例 10-2】当然，我们也可以通过以下代码段在子图中分别绘制两种曲线：

```
import numpy as np
import matplotlib.pyplot as plt          # 导入 Matplotlib 库
X = np.arange(-np.pi,np.pi,np.pi/180)
C,S = np.cos(X), np.sin(X)
plt.subplot(2,1,1)                        # 设置第一张子图
plt.plot(X,C)                             # 生成余弦曲线
plt.show()
plt.subplot(2,1,2)                        # 设置第二张子图
plt.plot(X,S)                             # 生成正弦曲线
plt.show()
```

绘制的图形如图 10-2 所示。

第 10 章　Python 科学计算与数据分析开发基础

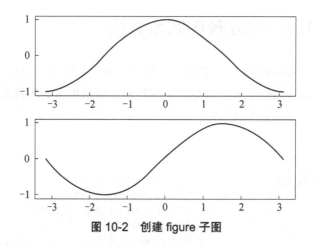

图 10-2　创建 figure 子图

10.4.2　Matplotlib 图像属性控制

在上一小节中，我们已经得到了基本正余弦曲线图形，接下来我们需要对该图形进行必要的属性设置，进而美化我们的图形。

1．设置图形中曲线的颜色和线形

【例 10-3】在进行图形绘制时，我们可以通过其"color"属性来改变曲线的颜色，通过"linewidth"属性来改变曲线的宽度，通过"linestyle"属性来修改曲线的形状。

代码示例如下：

```
import numpy as np
import matplotlib.pyplot as plt
X = np.arange(-np.pi,np.pi,np.pi/180)
C,S = np.cos(X), np.sin(X)
plt.plot(X,C,color="black",linewidth="1.5",linestyle="-.")       # 设定曲线颜色为黑色
# 线宽 1.5，线段形状为点实线
plt.plot(X,S,color="red",linewidth="1.5",linestyle=":")          # 设定曲线颜色为红色
# 线宽 1.5，线段形状为虚线
plt.show()
```

输出结果如图 10-3 所示。

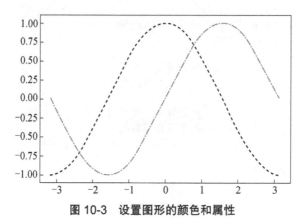

图 10-3　设置图形的颜色和属性

2. 设置图形标签和标题

【例10-4】通过图形的"legend"属性，可以对图形的显示标签及其位置进行设置。代码示例如下：

```
import numpy as np
import matplotlib.pyplot as plt
X = np.arange(-np.pi,np.pi,np.pi/180)
C,S = np.cos(X), np.sin(X)
# 设定曲线颜色为黑色,线宽 1.5，线段形状为点实线
plt.plot(X,C,color="black",linewidth="1.5",linestyle="-.",label="cos")
# 设定曲线颜色为红色,线宽 1.5，线段形状为虚线
plt.plot(X,S,color="red",linewidth="1.5",linestyle=":",label="sin")
plt.legend(loc='upper left')          # 设置标签位于左上方
plt.show()
```

绘制的图形如图 10-4 所示。其中，图形的标签位置还有"lower left"（左下）、"upper right"（右上）、"lower right"（右下）和"center"（居中）等。

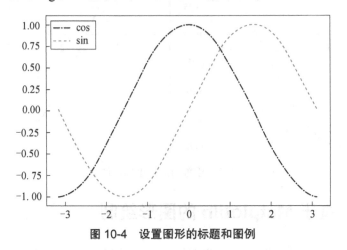

图 10-4 设置图形的标题和图例

3. 设置坐标轴的显示位置

【例10-5】Matplotlib 图形的坐标轴线及其上面的记号一起就构成了脊柱（Spines），它记录了数据区域的范围，我们可以在绘制图形的过程中选择 Spines 的显示位置，从而来美化图形显示的效果。实际上每幅图有 4 条脊柱（分为上下左右 4 条），为了将脊柱放在图的中间，我们必须将其中上方和右边的脊柱设置为无色，然后调整剩下的两条到合适的位置，也就是数据空间的 0 点位置。

示例代码如下：

```
import numpy as np
import matplotlib.pyplot as plt
plt.ax = gca()
ax.spines['right'].set_color('none')          # 隐藏图形的右边脊柱
ax.spines['top'].set_color('none')            # 隐藏图形的上方脊柱
ax.xaxis.set_ticks_position('bottom')
ax.spines["bottom"].set_position(('data',0))  # 调整图形的下方脊柱到合适位置
```

```
ax.yaxis.set_ticks_position('left')
ax.spines['left'].set_position(('data',0))          # 调整图形的左方脊柱到合适位置
X = np.arange(-np.pi,np.pi,np.pi/180)
C,S = np.cos(X), np.sin(X)
# 设定曲线颜色为黑色,线宽 1.5，线段形状为点实线
plt.plot(X,C,color="black",linewidth="1.5",linestyle="-.",label="cos")
# 设定曲线颜色为红色,线宽 1.5，线段形状为虚线
plt.plot(X,S,color="red",linewidth="1.5",linestyle=":",label="sin")
plt.legend(loc='upper left')
plt.show()
```

代码运行后的图形如图 10-5 所示。

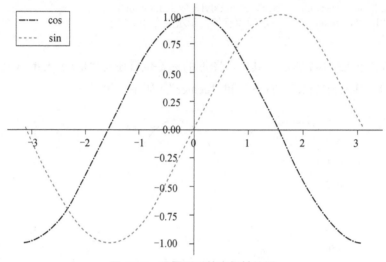

图 10-5　设置图形的坐标轴位置

10.4.3　基于 Matplotlib 的图形绘制

现在我们已经知道了一些基本的图形绘制方法和图形属性，接下来我们将利用这些方法和属性来绘制一些基本的图形。

1. 柱形图

【例 10-6】示例代码如下：

```
import numpy as np
import matplotlib.pyplot as plt
x = np.array(['A','B','C','D','E'])
y = np.arange(10,35,5)
plt.bar(x,y,color='blue',label='legend')   # 绘制柱形图
plt.legend(loc='upper left')
plt.show()
```

通过以上代码，得到的柱形图如图 10-6 所示。

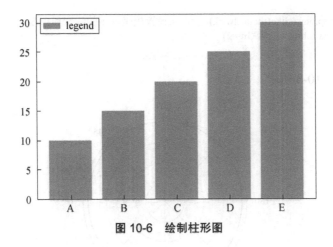

图 10-6　绘制柱形图

2. 散点图

【例 10-7】示例代码如下：

```
import numpy as np
import matplotlib.pyplot as plt
x = np.random.randn(100)   # 随机产生 100 个随机数
y = np.random.randn(100)
plt.scatter(x,y,color='blue',label='legend')
plt.legend(loc='upper left')
plt.show()
```

生成的散点图如图 10-7 所示。

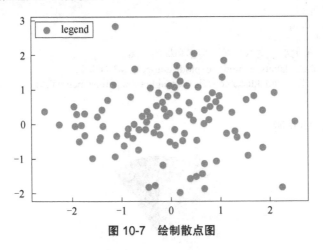

图 10-7　绘制散点图

3. 极坐标图

【例 10-8】示例代码如下：

```
import numpy as np
import matplotlib.pyplot as plt
fig = plt.figure()                          #新建窗口
ax = fig.add_subplot(1,2,1,polar=True)      #启动极坐标子图
theta=np.arange(0,2*np.pi,0.02)             #角度范围
```

```
ax.plot(theta,2*np.ones_like(theta),lw=2)        #设置极坐标图的线宽和角度
ax.plot(theta,theta/6,linestyle=':',lw=2)
plt.show()
```

运行结果如图 10-8 所示。

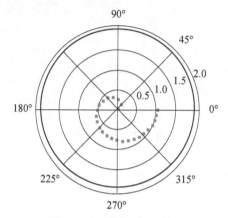

图 10-8　绘制极坐标图形

4. 饼状图

【例 10-9】示例代码如下：

```
import numpy as np
import matplotlib.pyplot as plt
labels = 'A', 'B', 'C', 'D'
fracs = [15, 30.55, 44.44, 10]
explode = [0, 0.1, 0, 0]
plt.axes(aspect=1)
# 设置饼图起始角大小、文本格式、阴影和标签距离
plt.pie(x=fracs, labels=labels, explode=explode,autopct='%3.1f%%',
        shadow=True, labeldistance=1.1, startangle = 90,pctdistance = 0.6)
plt.show()
```

运行结果如图 10-9 所示。

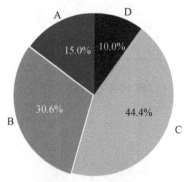

图 10-9　绘制饼状图

172

10.5 实例应用

【例 10-10】接下来我们以浙江省杭州市萧山区创业路的 CSV 文件数据来看一个应用实例。首先我们通过命令来读取该 CSV 文件，并查看其中前 10 行数据的内容。

实例代码如下：

```
import pandas as pd
# 读取 CSV 文件
data = pd.read_csv(r'C:\Users\28715\Desktop\车位预测\data\创业路.csv')
print(data.head(10))   # 打印前 10 行数据内容
```

运行结果如下：

```
   剩余数                          时间
0   57   2019-04-22 11:03:56.405008
1   57   2019-04-22 11:06:57.802809
2   58   2019-04-22 11:09:59.465010
3   58   2019-04-22 11:13:00.050611
4   57   2019-04-22 11:16:02.024612
5   57   2019-04-22 11:19:02.922213
6   57   2019-04-22 11:22:03.866615
7   57   2019-04-22 11:25:04.905616
8   53   2019-04-22 11:28:06.146417
9   53   2019-04-22 11:31:07.138618
```

然后，我们通过 Pandas 的统计工具，计算出数据中"剩余数"的最大值、最小值和平均值。

实例代码如下：

```
df = data['剩余数']
df_max = df.max()        # 获取剩余数中的最大值
df_min = df.min()        # 获取剩余数中的最小值
df_mean = df.mean()      # 计算剩余数的均值
print('剩余数最大值为: ',df_max)
print('剩余数最小值为: ',df_min)
print('剩余数均值为: ',df_mean)
```

运行结果如下：

```
剩余数最大值为:  66
剩余数最小值为:  0
剩余数均值为:  22.063101009298258
```

最后，我们还可以借助 Matplotlib 工具，将具体的数据内容可视化，来进一步观察数据的分布情况。

实例代码如下：

```
import matplotlib.pyplot as plt              # 导入 Matplotlib 库
plt.rcParams['font.sans-serif']=['SimHei']   # 设置中文字体
plt.plot(df,color='blue',linewidth=1,label='剩余数')
```

173

```
plt.legend(loc='upper right')
plt.show()
```

运行结果如图 10-10 所示。

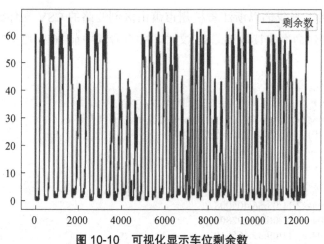

图 10-10　可视化显示车位剩余数

 小　结

　　本章主要介绍了进行科学计算和数据分析的一些常用 Python 库，并学习了一些简单的数据处理和绘图技巧。通过本章内容的学习，我们应重点掌握 DataFrame 的数据存储格式、NumPy 数组的创建和处理方法及 Matplotlib 快速绘制图形的技巧，并在以后的学习实践过程中能够熟练运用上述知识。

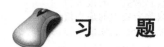 习　题

一、填空题

　　1．表达式 np.random.randn(4)的计算值为_____。

　　2．已知 x=np.array((1, 2, 3, 4, 5))，则表达式(x*2).max()得出的值为_____。

　　3．已知 data 为 DataFrame 对象，则要访问 data 的前 10 行数据，可以采用的方式为_____。

　　4．已知 data = pd.DataFrame([[2, 3]，[5, 6]], columns=['A', 'B'])，则 print(data['B'])运行后的输出结果是_____。

二、编程题

　　有以下数据，集体要求完成下列习题：

工号	姓名	销售额/元	时间	商品
001	张静	1365	2019-03-01	食品
002	王红兵	265	2019-03-01	化妆品
003	李钰	1024	2019-03-01	化妆品
004	周志国	475	2019-03-01	日用品
005	孙超	652	2019-03-01	蔬菜水果
006	周正	398	2019-03-01	饮料

（1）利用 NumPy 工具计算出销售额的平均值和最小值。

（2）将上述数据内容转换为 DataFrame 格式存储数据。

（3）使用 Matplotlib 工具可视化显示销售额。

第 11 章　网络爬虫入门与应用

本章学习要求

➢ 爬虫的基本概念

➢ 网页请求的基本原理

➢ HTML 页面基本解析方法

➢ 使用 GET 方法的基本爬虫

➢ 使用 POST 方法的基本爬虫

➢ 爬虫框架 Scrapy 调试方法

➢ 使用爬虫框架构建复杂爬虫

 11.1　网络爬虫概述

所谓网络爬虫，就是一个在互联网上定向地或不定向地抓取数据的程序。目前，网络爬虫抓取与解析的主要是特定网站的网页中的 HTML 数据。所以在本章主要学习 HTML 数据的抓取。近年来，随着 Python 语言越来越多地在数据分析、云计算、Web 开发、科学运算、人工智能、系统运维、图形开发等领域发挥作用，数据爬虫为这些工作获取数据，是这些工作的前置步骤，所以在数据抓取工作中选择使用 Python 语言，能够使得系统之间的相互集成变得简单。

网络爬虫最早源于构建搜索引擎的需要，通用的搜索引擎需要将互联网上所有的页面爬取下来，进而进行关键词分析。抓取全网网页的一般方法是，定义一个入口页面，然后这个入口页面会有其他页面的 URL 链接，于是将当前页面获取到的这些 URL 加入到爬虫的抓取队列中，然后进入到新页面进行爬取。在新的页面中继续递归地进行上述的操作，其实这就跟图的深度优先遍历或广度优先遍历一样。随着互联网的发展，网络数据呈现爆炸式的增长，人们对网络数据的筛选的要求也越来越高。越来越多的爬虫只是关注特定网站中的特定数据，这就需要爬虫构建者对所需要的数据进行定位和描述。本章主要介绍后面一种，关注特定网站特定数据的爬虫。

丰富的库是 Python 的一大特色和优势。在爬虫领域，Python 中的 Scrapy 框架为爬虫提供了较为完善的库，能够大量提升开发爬虫的效率。该框架也为爬虫提供了较为完善的流程，可以应用在包括数据挖掘、信息处理或存储历史数据等一系列的程序中。框架的使用大大减少了程序员的工作量，并且所生成的程序具有较好的项目结构与代码重用性。

 ## 11.2   爬虫的基本原理

要构建爬虫，首先要知道网页请求的基本原理与网页的基本结构，所以接下来先在本节介绍网页请求的基本过程与网页的基本结构，接着在下一节给出一个最简单的爬虫程序。

11.2.1   网页请求的基本过程

网页请求的过程（见图 11-1）分为以下两个环节。

● Request（请求）：每一个展示在用户面前的网页都必须经过这一步，也就是向服务器发送访问请求。

● Response（响应）：服务器在接收到用户的请求后，会验证请求的有效性，然后向用户（客户端）发送响应的内容，客户端接收服务器响应的内容，将内容展示出来，就是我们所熟悉的网页。

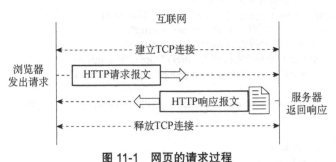

图 11-1   网页的请求过程

网页请求的方式也分为两种。

● GET：最常见的方式，一般用于获取或者查询资源信息，也是大多数网站使用的方式，响应速度快。

● POST：相比 GET 方式，多了以表单形式上传参数的功能，因此除了查询信息，还可以修改信息。

【例 11-1】使用 GET 方式获取网页。

```
>>> import urllib.request
>>> headers = {'User_Agent': ''}
>>> response = urllib.request.Request(\
```

```
'https://docs.python.org/zh-cn/3/', headers=headers)
>>> html = urllib.request.urlopen(response)
>>> result = html.read().decode('utf-8')
>>> print(result)
```

上述代码执行的过程，等价于在浏览器当中访问 https://docs.python.org/zh-cn/3/，也就是访问了 Python 的中文文档所在的页面信息。这段代码返回的字符串的开始部分的内容如下：

```html
<!DOCTYPE html>

<html xmlns="http://www.w3.org/1999/xhtml" lang="zh_CN">
  <head>
    <meta charset="utf-8" /><title>3.8.0 Documentation</title>
    <link rel="stylesheet" href="_static/pydoctheme.css" type="text/css" />
    <link rel="stylesheet" href="_static/pygments.css" type="text/css" />

    <script          type="text/javascript"          id="documentation_options"          data-url_root="./"
src="_static/documentation_options.js"></script>
    <script type="text/javascript" src="_static/jquery.js"></script>
    <script type="text/javascript" src="_static/underscore.js"></script>
    <script type="text/javascript" src="_static/doctools.js"></script>
    <script type="text/javascript" src="_static/language_data.js"></script>
    <script type="text/javascript" src="_static/translations.js"></script>

    <script type="text/javascript" src="_static/sidebar.js"></script>

    <link rel="search" type="application/opensearchdescription+xml"
          title="在 Python 3.8.0 文档 中搜索"
          href="_static/opensearch.xml"/>
    <link rel="author" title="关于这些文档" href="about.html" />
    <link rel="index" title="索引" href="genindex.html" />
    <link rel="search" title="搜索" href="search.html" />
    <link rel="copyright" title="版权所有" href="copyright.html" />
    <link rel="canonical" href="https://docs.python.org/3/index.html" />

            <script type="text/javascript" src="_static/switchers.js"></script>

    <style>
      @media only screen {
        table.full-width-table {
            width: 100%;
        }
      }
    </style>
...
```

我们可以看到，返回的内容事实上是页面的 HTML 代码，若接收方是浏览器进程，那么它将被解析然后显示在浏览器的页面当中。

我们可以在 print 语句输出的字符串当中找到图 11-2 中对应的部分。

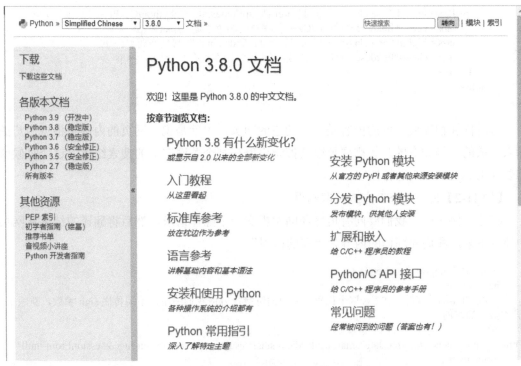

图 11-2　例 11-1 中的爬虫爬取的页面

```
...
<h1>Python 3.8.0 文档</h1>
<p>
欢迎！这里是 Python 3.8.0 的中文文档。
</p>
<p><strong>按章节浏览文档：</strong></p>
<table class="contentstable" align="center"><tr>
  <td width="50%">
    <p class="biglink"><a class="biglink" href="whatsnew/3.8.html">Python 3.8 有什么新变化？
</a><br/>
      <span class="linkdescr"> 或显示自 2.0 以来的<a href="whatsnew/index.html">全部新变化
</a></span></p>
    <p class="biglink"><a class="biglink" href="tutorial/index.html">入门教程</a><br/>
      <span class="linkdescr">从这里看起</span></p>
    <p class="biglink"><a class="biglink" href="library/index.html">标准库参考</a><br/>
      <span class="linkdescr">放在枕边作为参考</span></p>
    <p class="biglink"><a class="biglink" href="reference/index.html">语言参考</a><br/>
      <span class="linkdescr">讲解基础内容和基本语法</span></p>
    <p class="biglink"><a class="biglink" href="using/index.html">安装和使用 Python</a><br/>
      <span class="linkdescr">各种操作系统的介绍都有</span></p>
    <p class="biglink"><a class="biglink" href="howto/index.html">Python 常用指引</a><br/>
      <span class="linkdescr">深入了解特定主题</span></p>
  </td><td width="50%">
    <p class="biglink"><a class="biglink" href="installing/index.html">安装 Python 模块</a><br/>
      <span class="linkdescr">从官方的 PyPI 或者其他来源安装模块</span></p>
    <p class="biglink"><a class="biglink" href="distributing/index.html">分发 Python 模块</a><br/>
      <span class="linkdescr">发布模块，供其他人安装</span></p>
    <p class="biglink"><a class="biglink" href="extending/index.html">扩展和嵌入</a><br/>
      <span class="linkdescr">给 C/C++ 程序员的教程</span></p>
```

```
        <p class="biglink"><a class="biglink" href="c-api/index.html">Python/C API 接口</a><br/>
            <span class="linkdescr">给 C/C++ 程序员的参考手册</span></p>
        <p class="biglink"><a class="biglink" href="faq/index.html">常见问题</a><br/>
            <span class="linkdescr">经常被问到的问题（答案也有！）</span></p>
    </td></tr>
  </table>
...
```

有时候我们需要抓取的内容是一个动态的网页，也就是说，网页的内容是根据用户的输入生成的，例如有的时候需要抓取某搜索引擎在某个关键字上的搜索结果。这个时候就需要使用 POST 方式进行抓取。

【例 11-2】使用 POST 方式获取网页。

在这个例子中，我们要向有道翻译网站提交一个翻译请求，然后将翻译的结果从网页中抓取下来。我们要翻译的内容为"我的祖国"。

```
from urllib import parse,request
import json
# POST 请求的目标 URL（这个代码是之前的链接，方便我们使用，不用传递 sign 参数，新版中
该参数是加密的）
url                                                                                    =
"http://fanyi.youdao.com/translate?smartresult=dict&smartresult=rule&smartresult=ugc&sessionFrom=null"
formdata = {
    'i': '我的祖国',
    'from': 'AUTO',
    'to': 'AUTO',
    'smartresult': 'dict',
    'client': 'fanyideskweb',
    'doctype': 'json',
    'version': '2.1',
    'keyfrom': 'fanyi.web',
    'action': 'FY_BY_CLICKBUTTION',
    'typoResult': 'false',
}
formdata = parse.urlencode(formdata).encode('utf-8')
req_header = {
    'User-Agent':'Mozilla/5.0 (X11; Linux x86_64) AppleWebKit/537.36 (KHTML, like Gecko)
Chrome/67.0.3396.99 Safari/537.36',
}
req = request.Request(url,headers=req_header,data=formdata)
response = request.urlopen(req)
json_str = response.read().decode('utf-8')
data = json.loads(json_str)
print(type(data))

result = data['translateResult'][0][0]['tgt']
print(result)
```

这里我们将得到的翻译结果打印输出为：

```
<class 'dict'>
My motherland
```

从上面的例子可以看出，从服务器返回的信息中包含了大量的 HTML 标签，真正需

要的信息隐藏在这些标签当中，我们还需要对网页进行解析，获取这些真正有用的信息。那么应该如何解析网页呢？

11.2.2　网页解析的基本原理

从上面的例子中我们可以看到，从 Web 服务器返回的结果往往是一个 HTML 文件的源码，人工很难找到具体信息所在的位置，因此需要对网页的内容进行解析。在这个领域，不管你使用什么计算机语言，都会使用同一种技术，就是正则表达式。

从网页中获取有效数据的过程实质上是字符串的匹配工作。正则表达式是一种用来匹配字符串的强有力的武器。它的设计思想是用一种描述性的语言来给字符串定义一个规则，凡是符合规则的字符串，我们就认为它"匹配"了，否则，该字符串就是不合法的。字符串是编程时涉及到的最多的一种数据结构，对字符串进行操作的需求几乎无处不在。比如判断一个字符串是不是合法的 Email 地址，虽然可以编程提取@前后的子串，再分别判断其是不是单词和域名，但这样做不但麻烦，而且代码难以复用。

所以我们判断一个字符串是不是合法的 Email 的方法是：

（1）创建一个匹配 Email 的正则表达式。

（2）用该正则表达式去匹配用户的输入来判断是否合法。

因为正则表达式也是用字符串表示的，所以，我们首先要了解如何用字符来描述字符。这里我们先介绍几个最常用的正则表达式规则。在正则表达式中，如果直接给出字符，则表示精确匹配。用\d 可以匹配一个数字，\w 可以匹配一个字母或数字，所以举例如下：

- 00\d 可以匹配'007'，但无法匹配'00A'。
- \d\d\d 可以匹配'010'。
- \w\w\d 可以匹配'py3'。
- 可以匹配任意字符，所以 py. 可以匹配 pyc、pyo、py!。

要匹配变长的字符，在正则表达式中，则用*表示任意个字符（包括 0 个），用+表示至少一个字符，用?表示 0 个或 1 个字符，用 {n} 表示 n 个字符，用 {n,m} 表示 $n\sim m$ 个字符，例如，\d{3}\s+\d{3,8}可以匹配诸如 010 12345678 这样的电话号码。

我们对上面这个较为复杂的正则表达式做个解释：\d{3}表示匹配 3 个数字，例如'010'；\s 可以匹配一个空格（也包括 Tab 等空白符），所以\s+表示至少有一个空格；\d{3,8}表示 3～8 个数字，例如，'1234567'。如果要匹配'010-12345'这样的号码则需要将'-'这个特殊字符进行转义，在正则表达式中，要用'\'来转义，所以，上面的正则表达式是\d{3}\-\d{3,8}。这个转义的方式与 C 语言中的 '\n' 是类似的。但是，仍然无法匹配'010 - 12345'，因为带有空格，所以我们需要采用更复杂的匹配方式。最常用的正则表达式符号如表 11-1 所示。

表 11-1　最常用的正则表达式符号

字符	描　述
\	将下一个字符标记为一个特殊字符
^	匹配输入字符串的开始位置
$	匹配输入字符串的结束位置
*	匹配前面的子表达式零次或多次
+	匹配前面的子表达式一次或多次
?	匹配前面的子表达式零次或一次
{n}	*n* 是一个非负整数，匹配确定的 *n* 次
{n,}	*n* 是一个非负整数，至少匹配 *n* 次
{n,m}	*m* 和 *n* 均为非负整数，其中 $n \leqslant m$，最少匹配 *n* 次且最多匹配 *m* 次
?	当该字符紧跟在任何一个其他限制符 (*, +, ?, {n}, {n,}, {n,m}) 后面时，匹配模式是非贪婪的。非贪婪模式尽可能少地匹配所搜索的字符串，而默认的贪婪模式则尽可能多地匹配所搜索的字符串
[xyz]	字符集合，匹配所包含的任意一个字符。例如，'[abc]' 可以匹配 "plain" 中的 'a'
[^xyz]	负值字符集合，匹配未包含的任意字符。例如，'[^abc]' 可以匹配 "plain" 中的'p'、'l'、'i'、'n'
[a-z]	字符范围，匹配指定范围内的任意字符。例如，'[a-z]' 可以匹配 'a' 到 'z' 范围内的任意小写字母字符
[^a-z]	负值字符范围，匹配任何不在指定范围内的任意字符。例如，'[^a-z]' 可以匹配任何不在 'a' 到 'z' 范围内的任意字符
\d	匹配一个数字字符，等价于 [0-9]
\D	匹配一个非数字字符，等价于 [^0-9]
\f	匹配一个换页符，等价于 \x0c 和 \cL
\n	匹配一个换行符，等价于 \x0a 和 \cJ
\r	匹配一个回车符，等价于 \x0d 和 \cM
\s	匹配任何空白字符，包括空格、制表符、换页符等，等价于 [\f\n\r\t\v]
\S	匹配任何非空白字符，等价于 [^ \f\n\r\t\v]
\t	匹配一个制表符，等价于 \x09 和 \cI
\w	匹配字母、数字、下划线，等价于'[A-Za-z0-9_]'
\W	匹配非字母、数字、下划线，等价于 '[^A-Za-z0-9_]'

　　在表 11-1 中，我们总结了最常用的正则表达式的符号，更完整的正则表达式的介绍及其在 Python 语言中的实现可以在相关文档和 Python 文档中找到。

　　在 Python 语言中提供了 re 包来进行正则表达式的解析，接下来我们举几个在网页解析中常用的例子。

　　【例 11-3】利用正则表达式进行网页解析获取网页的标题。

```
import re
from urllib import request
```

```
url = "http://www.baidu.com/"
content = request.urlopen(url).read()
title = re.findall(r'<title>(.*?)</title>', content.decode('utf-8'))
print(title[0])
```

得到的结果是：

百度一下，你就知道

将 content 变量打印出来我们可以看到正则表达式匹配了被 HTML 标签 title 所包围的部分：

```
<!Doctype html><html xmlns=http://www.w3.org/1999/xhtml>
<head>
    <meta http-equiv=Content-Type content="text/html;charset=utf-8"><meta http-equiv=X-UA-Compatible content="IE=edge,chrome=1">
    <meta content=always name=referrer>
    <link rel="shortcut icon" href=/favicon.ico type=image/x-icon>
    <link                        rel=icon                    sizes=any                        mask
href=//www.baidu.com/img/baidu_85beaf5496f291521eb75ba38eacbd87.svg>
    <title>百度一下，你就知道 </title>
    ...
```

【例 11-4】利用正则表达式进行网页解析获取链接。

```
import re

content = '''
<a href="http://news.baidu.com" name="tj_trnews" class="mnav">新闻</a>
<a href="http://www.hao123.com" name="tj_trhao123" class="mnav">hao123</a>
<a href="http://map.baidu.com" name="tj_trmap" class="mnav">地图</a>
<a href="http://v.baidu.com" name="tj_trvideo" class="mnav">视频</a>
'''

res = r"(?<=href=\").+?(?=\")|(?<=href=\').+?(?=\')"
urls = re.findall(res, content, re.I|re.S|re.M)
for url in urls:
    Print(url)
```

在这个例子当中我们直接将 HTML 页面的一部分写在了字符串里，这个例子的输出结果是：

```
http://news.baidu.com
http://www.hao123.com
http://map.baidu.com
http://v.baidu.com
```

【例 11-5】利用正则表达式匹配电话号码。

```
#!/usr/bin/python
# -*- coding: UTF-8 -*-

import re

phone = "2004-959-559 # 这是一个国外电话号码"
```

```
# 删除字符串中的 Python 注释
num = re.sub(r'#.*$', "", phone)
print("电话号码是: ", num)

# 删除非数字(-)的字符串
num = re.sub(r'\D', "", phone)
print("电话号码是 : ", num)
```

这个例子的输出结果是：

```
电话号码是: 2004-959-559
电话号码是: 2004959559
```

11.2.3 URL 地址的获取

从上一小节中，我们可以看到，通过对网页的内容进行解析，我们获得了更多的 URL 地址，爬虫可以递归地在这些新的 URL 地址上进行爬取。但是不是所有解析出来的地址都是需要进行爬取的，因为会有很多重复的地址，另外在一次爬取之后，网页发生了变化又该如何处理？这一小节我们简单地讨论一下地址获取这个问题。爬取的顺序一般为：

（1）首先选取一部分精心挑选的种子 URL。

（2）将这些 URL 放入待抓取 URL 队列中。

（3）从待抓取 URL 队列中取出待抓取的 URL，解析 DNS，并且得到主机的 IP，并将 URL 对应的网页下载下来，存储到已下载网页库中。此外，将这些 URL 放进已抓取 URL 队列中。

（4）分析已抓取 URL 队列中的 URL，分析其中的其他 URL，并且将 URL 放入待抓取 URL 队列中，从而进入下一个循环。

对应地，可以将互联网的所有页面分为 5 个部分。

（1）已下载未过期网页。

（2）已下载已过期网页：抓取到的网页实际上是互联网内容的一个镜像与备份，互联网是动态变化的，一部分互联网上的内容已经发生了变化，这时，这部分抓取到的网页就已经过期了。

（3）待下载网页：也就是待抓取 URL 队列中的那些页面。

（4）可知网页：还没有抓取下来，也没有在待抓取 URL 队列中，但是可以通过对已抓取页面或者待抓取 URL 对应页面进行分析获取到的 URL，认为是可知网页。

（5）还有一部分网页，爬虫是无法直接抓取下载的，称为不可知网页。

在得到这些网页地址之后，该如何处理这些地址，还需要根据具体应用需求的不同进行不同的处理。

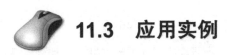

11.3 应用实例

本节将给出一个网页爬虫的应用实例。

【例 11-6】使用 requests 请求库获取猫眼电影排行 TOP10 的电影名称、时间、评分等信息，结果以逗号分隔符文件表格格式保存。要爬取的网页为 http://maoyan.com/board，下面代码中的正则表达式是通过分析网页的内容得到的。独眼电影的榜单页面如图 11-3 所示，爬取结果的表格展示如图 11-4 所示。

```python
import requests
import re
import json
headers = {'User-Agent': 'Mozilla/5.0 (Windows NT 10.0; Win64; x64)'}
response = requests.get(url='http://maoyan.com/board', headers=headers)
pattern = re.compile(
    r'<dd>.*?board-index.*?>(.*?)</i>.*?data-src="(.*?)".*?name.*?a.*?>(.*?)</a>.*?star.*?>(.*?)</p>.'
    r'*?releasetime.*?>(.*?)</p>.*?integer.*?>(.*?)</i>.*?fraction.*?>(.*?)</i>.*?</dd>',
    re.S
)
items = re.findall(pattern, response.text)
with open('result.csv', 'a', encoding='utf-8') as f:
    for item in items:
        f.write(json.dumps(item, ensure_ascii=False) + '\n')
```

图 11-3　猫眼电影的榜单页面

	A	B	C	D	E	F	G	H
1	["1"	"https://p0.meituan.	"少年的你"	"\n	易烊千玺	尹昉\n "	"上映时间：2019-10-25	"9."
2	["2"	"https://p0.meituan.	"海上钢琴师"	"\n	比尔·努恩	曾路特·泰勒·文	"上映时间：2019-11-15	"9."
3	["3"	"https://p0.meituan.	"决战中途岛"	"\n	卢克·伊万斯	帕特里克·威尔森	"上映时间：2019-11-08	"9."
4	["4"	"https://p0.meituan.	"触不可及"	"\n	布莱恩·科兰斯顿	妮可·基德曼\n	"上映时间：2019-11-22	"9."
5	["5"	"https://p0.meituan.	"为国而歌"	"\n	古力娜扎	海一天\n "	"上映时间：2019-10-18	"9."
6	["6"	"https://p0.meituan.	"冰雪奇缘2"	"\n	伊迪娜·门泽尔	乔纳森·格罗夫\n	"上映时间：2019-11-22	"8."
7	["7"	"https://p0.meituan.	"利刃出鞘"	"\n	克里斯·埃文斯	安娜·德·阿玛斯"	"上映时间：2019-11-29	"8."
8	["8"	"https://p1.meituan.	"受益人"	"\n	柳岩	张子贤\n "	"上映时间：2019-11-08	"8."
9	["9"	"https://p0.meituan.	"吹哨人"	"\n	汤唯	齐溪\n "	"上映时间：2019-12-06	"8."
10	["10"	"https://p0.meituan.	"太阳升起的时	"\n	任帅	刘之冰\n "	"上映时间：2019-10-25	"8."

图 11-4　爬取结果的表格展示

11.4　网络爬虫开发常用框架

从之前的描述中可以看到从下载网页内容到页面分析，再到信息存储与新的链接的解析与获取，爬虫的构建是一个复杂的系统，具有较为明确的模块分工，各个部分又需要相互协作共同完成。这种分工与协作具有固定的规律，可以使用框架实现。

11.4.1　Scrapy 框架简介

Scrapy 是用纯 Python 实现的一个为了爬取网站数据、提取结构性数据而编写的应用框架，用途非常广泛。用户只需要定制开发几个模块就可以轻松地实现一个爬虫，用来抓取网页内容及各种图片，非常之方便。Scrapy 的基本架构如图 11-5 所示。

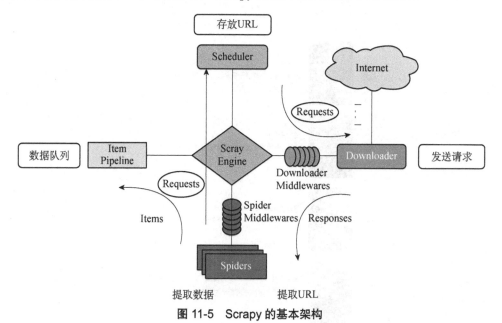

图 11-5　Scrapy 的基本架构

11.4.2 Scrapy 的组成部分

1. 引擎（Scrapy）

用来处理整个系统的数据流，触发事务（框架核心）。

2. 调度器（Scheduler）

用来接收引擎发过来的请求，压入队列中，并在引擎再次请求的时候返回。可以将其想象成一个 URL（抓取网页的网址或者说是链接）的优先队列，由它来决定下一个要抓取的网址是什么，同时去除重复的网址。

3. 下载器（Downloader）

用于下载网页内容，并将网页内容返回给蜘蛛（Scrapy 下载器是建立在 twisted 这个高效的异步模型上的）。

4. 爬虫（Spiders）

爬虫是主要用于干活的，用于从特定的网页中提取自己需要的信息，即所谓的实体（Item）。用户也可以从中提取出链接，让 Scrapy 继续抓取下一个页面。

5. 项目管道（Pipeline）

负责处理爬虫从网页中抽取的实体，主要的功能是持久化实体、验证实体的有效性、清除不需要的信息。当页面被爬虫解析后，将被发送到项目管道，并经过几个特定的次序处理数据。

6. 下载器中间件（Downloader Middlewares）

位于 Scrapy 引擎和下载器之间的框架，主要处理 Scrapy 引擎与下载器之间的请求及响应。

7. 爬虫中间件（Spider Middlewares）

介于 Scrapy 引擎和爬虫之间的框架，主要工作是处理蜘蛛的响应输入和请求输出。

8. 调度中间件（Scheduler Middlewares）

介于 Scrapy 引擎和调度之间的中间件，从 Scrapy 引擎发送到调度的请求和响应。

Scrapy 运行流程大概如下：引擎从调度器中取出一个链接（URL）用于接下来的抓取。引擎把 URL 封装成一个请求（Request）传给下载器。下载器把资源下载下来，并封装成应答包（Response）。爬虫解析 Response 并解析出实体（Item），则交给实体管道进行进一步的处理。解析出的是链接（URL），则把 URL 交给调度器等待抓取。

11.4.3 Scrapy 的安装

Scrapy 可以运行在 Python2.7、Python3.3 或者是更高的版本上；如果用的是 Anaconda（Anaconda 下载）或者 Minconda，可以从 conda-forge 进行安装，可以使用下面的命令：

```
conda install -c conda-forge scrapy
```

如果已经安装了 Python 包管理工具 PyPI，也可以使用下面命令进行安装：

```
pip install Scrapy
```

如果使用后者进行安装，可能需要安装 Scrapy 依赖的一些包。

- lxml：一种高效的 XML 和 HTML 解析器。
- PARSEL：一个 HTML / XML 数据提取库，基于上面的 lxml。
- w3lib：一种处理 URL 和网页编码多功能辅助。
- twisted：一个异步网络框架。
- cryptography and pyOpenSSL：处理各种网络级安全需求。

 ## 11.5　使用爬虫框架构建实例应用

接下来我们使用 Scrapy 构建一个爬虫，从中国天气网爬取天气信息。希望可以从中国天气网上获取城市、城市所属省份、天气等信息，存储在本地以供后续使用。

11.5.1　创建项目

假设存放项目的目录是 C:\MyScrapyProject。在操作系统中进入命令行模式，如 Windows 中按 Win+R 键，输入 cmd，再按回车键。在命令行模式下进入项目目录 C:\MyScrapyProject，并输入命令：

```
C:\MyScrapyProject> scrapy startproject weather          # weather 是项目名称
```

按回车键即创建成功。注意，如果你使用了 Anaconda 创建的虚拟环境则需要首先进入虚拟环境。

这个命令其实创建了一个文件夹而已，里面包含了框架规定的文件和子文件夹。这个命令新建了一个文件夹 weather，其中包括了一个配置文件 scrapy.cfg 和一个名为 weather 的子目录。子目录下的文件是我们要编辑的对象。我们要做的就是编辑其中的一部分文件即可。

```
F:\MyScrapyProject> cd weather      #进入刚刚创建的项目目录
F:\MyScrapyProject\weather>
```

这样就创建好了一个 Scrapy 项目。下面几个小节会对这个爬虫进行配置。这里选择中国天气网做爬取素材,爬取网页之前一定要先分析网页,如要获取哪些信息,怎么获取更加方便。

可以看到中国天气网的页面中包含城市信息和省份信息,这些是我们需要的信息。接下来继续在页面里找其他需要的信息,例如,天气是晴天还是多云,最高温与最低温等。接下来定义我们的目标,我们将需要爬取的内容写在 Items.py 里。

11.5.2　填写 Items.py

Items.py 是在创建项目的过程中已经自动生成的文件。Items.py 只用于存放你要获取的字段,也就是说给自己要获取的信息取个名字:

```
# -*- coding: utf-8 -*-
# Define here the models for your scraped items
#
# See documentation in:
# https://doc.scrapy.org/en/latest/topics/items.html

import scrapy

class WeatherItem(scrapy.Item):
    # define the fields for your item here like:
    # name = scrapy.Field()
    city = scrapy.Field()
    prov = scrapy.Field()
    weather = scrapy.Field()
    data = scrapy.Field()
    temperatureMax = scrapy.Field()
    temperatureMin = scrapy.Field()
    Pass
```

这样我们就在 Items.py 里定义了我们需要的字段,分别为城市名、省份名、天气、最高温和最低温。

11.5.3　填写 spider.py

spider.py 顾名思义就是爬虫文件。在填写 spider.py 之前,我们先看看如何获取需要的信息,在你的 Python 环境下可以使用 Scrapy shell 进行调试:

```
C:\>scrapy shell
  http://www.weather.com.cn/weather1d/101020100.shtml#search
```

这是 Scrapy 的 shell 命令,可以在不启动爬虫的情况下,对网站的响应 response 进行处理调试等,其运行结果为:

```
[s] Available Scrapy objects:
[s]   scrapy        scrapy module (contains scrapy.Request, scrapy.Selector, etc)
[s]   crawler       <scrapy.crawler.Crawler object at 0x04C42C10>
```

```
[s]    item            {}
[s]    request         <GET http://www.weather.com.cn/weather1d/101020100.shtml#search>
[s]    response        <200 http://www.weather.com.cn/weather1d/101020100.shtml>
[s]    settings        <scrapy.settings.Settings object at 0x04C42B10>
[s]    spider          <DefaultSpider 'default' at 0x4e37d90>
[s] Useful shortcuts:
[s]    fetch(url[, redirect=True]) Fetch URL and update local objects (by default, redirects are followed)
[s]    fetch(req)                  Fetch a scrapy.Request and update local objects
[s]    shelp()                 Shell help (print this help)
[s]    view(response)          View response in a browser
...
```

这里展示了部分结果。

接着我们在命令行中，使用正则表达式对所需要的信息进行定位。例如下面展示了要获取城市名所需要的正则表达式的调试工作：

```
In [1]:response.xpath("//div[@class='crumbs fl']/a[3]/text()").extract_first()

In [2]:response.xpath("//div[@class='crumbs fl']/a[2]/text()").extract_first()
Out[2]: '上海'
```

接下来在\weather\weather\spiders 文件夹下新建 weather_spyder.py，然后写入这些规则。

```python
import scrapy
from weather.items import WeatherItem
from scrapy.spiders import Rule, CrawlSpider
from scrapy.linkextractors import LinkExtractor
class Spider(CrawlSpider):
    name = 'weatherSpider'    #spider 的名称
    #allowed_domains = "www.weather.com.cn"          #允许的域名
    start_urls = [                                   #爬取开始的 URL
        "http://www.weather.com.cn/weather1d/101020100.shtml#search"
    ]
    #定义规则，过滤掉不需要爬取的 URL
    rules                                                                            =
(          Rule(LinkExtractor(allow=('http://www.weather.com.cn/weather1d/101\d{6}.shtml#around2')),
follow=False, callback='parse_item'),
    )#声明 callback 属性时，follow 默认为 False，没有声明 callback 时，follow 默认为 True

    #回调函数，在这里用于抓取数据
    #注意多页面爬取时需要自定义方法名称，不能用 parse
    def parse_item(self, response):
        item = WeatherItem()
        item['city'] = response.xpath("//div[@class='crumbs fl']/a/text()").extract_first()
        prov = response.xpath("//div[@class='crumbs fl']/span[2]/text()").extract_first()
        if prov == '>':
            item['prov'] = response.xpath("//div[@class='crumbs fl']/a[2]/text()").extract_first()
        else:
            item['prov'] = response.xpath("//div[@class='crumbs fl']/span[2]/text()").extract_first()
        weatherData = response.xpath("//div[@class='today clearfix']/input[1]/@value").extract_first()
        item['data'] = weatherData[0:6]
        item['weather'] = response.xpath("//p[@class='wea']/text()").extract_first()
        item['temperatureMax'] = response.xpath("//ul[@class='clearfix']/li[1]/p[@class='tem']/span
[1]/text()").extract_first()
```

190

```
item['temperatureMin'] = response.xpath("//ul[@class='clearfix']/li[2]/p[@class='tem']/span[1]
/text()").extract_first()
        yield item
```

还有很长一大串日志信息，但不用管，只要你看到 Available Scrapy objects（可用的 Scrapy 对象）有 response 就够了。

11.5.4 填写 pipeline.py

下面是 pipeline.py，里面指明了上面的数据将如何保存：

```
# -*- coding: utf-8 -*-
# Define your item pipelines here
#
# Don't forget to add your pipeline to the ITEM_PIPELINES setting
# See: https://doc.scrapy.org/en/latest/topics/item-pipeline.html
import os
import codecs
import json
import csv from scrapy.exporters
import JsonItemExporter from openpyxl
import Workbook
#保存为 JSON 文件
class JsonPipeline(object):
    # 使用 FeedJsonItenExporter 保存数据
    def __init__(self):
        self.file = open('weather1.json','wb')
        self.exporter = JsonItemExporter(self.file,ensure_ascii =False)
        self.exporter.start_exporting()

    def process_item(self,item,spider):
        print('Write')
        self.exporter.export_item(item)
        return item

    def close_spider(self,spider):
        print('Close')
        self.exporter.finish_exporting()
        self.file.close()

#保存为 txt 文件
class TxtPipeline(object):
    def process_item(self, item, spider):
        #获取当前工作目录
        base_dir = os.getcwd()
        filename = base_dir + 'weather.txt'
        print('创建 Txt')
        #从内存以追加方式打开文件,并写入对应的数据
        with open(filename, 'a') as f:
            f.write('城市:' + item['city'] + ' ')
            f.write(item['prov'] + ' ')
            f.write('天气:' + item['weather'] + '\n')
            f.write('温度:' + item['temperatureMin'] + '~' + item['temperatureMax'] + '°C\n')
```

191

```
#保存为 Excel 文件
class ExcelPipeline(object):
    #创建 Excel 文件，填写表头
    def __init__(self):
        self.wb = Workbook()
        self.ws = self.wb.active
        #设置表头
        self.ws.append(['市', '省', '日期', '天气', '最高温', '最低温'])

    def process_item(self, item, spider):
        line = [item['city'], item['prov'], item['date'], item['weather'], item['temperatureMax'],
item['temperatureMin']]
        self.ws.append(line) #将数据以行的形式添加仅 xlsx 中
        self.wb.save('weather.xlsx')
        return item
```

11.5.5　运行爬虫

scrapy crawl spidername 开始运行，程序自动使用 start_urls 构造 Request 并发送请求，然后调用 parse 函数对其进行解析，在这个解析过程中使用 rules 中的规则从 HTML（或 XML）文本中提取匹配的链接，通过这个链接再次生成 Request，如此不断循环，直到返回的文本中再也没有匹配的链接，或调度器中的 Request 对象用尽，程序才停止。

在命令行中输入下列命令开始爬取数据：

```
scrapy crawl weatherSpider
```

爬取的结果为：

```
城市:常州 江苏
天气:晴
温度:1~12℃
城市:徐州 江苏
天气:晴
温度:-3~13℃
城市:舟山 浙江
天气:晴
温度:4~12℃
城市:南通 江苏
天气:晴
温度:2~10℃

...
```

11.5.6　反爬虫措施与对应

一般网站会从三个方面反爬虫：用户请求的 Headers、用户行为、网站目录和数据加载方式。前两种比较容易遇到，大多数网站都从这些角度来反爬虫。一些应用 Ajax 的网站会采用第三种，这样增大了爬取的难度（防止静态爬虫使用 Ajax 技术动态加载页面），第三种此处就不介绍了。

1. 从用户请求的 Headers 反爬虫是最常见的反爬虫策略

很多网站都会对 Headers 的 User-Agent 进行检测，还有一部分网站会对 Referer 进行检测（一些资源网站的防盗链就是检测 Referer）。如果遇到了这类反爬虫措施，可以直接在爬虫中添加 Headers，将浏览器的 User-Agent 复制到爬虫的 Headers 中；对于检测 Headers 的反爬虫措施，在爬虫中修改或者添加 Headers 就能很好地绕过。

2. 基于用户行为反爬虫

还有一部分网站是通过检测用户行为，例如同一 IP 短时间内多次访问同一页面，或者同一账户短时间内多次进行相同操作。这种防爬处理，需要有足够多的 IP 来应对。

①大多数网站都采用前一种情况，对于这种情况，使用 IP 代理就可以解决。可以专门写一个爬虫程序，爬取网上公开的代理 IP，检测后全部保存起来。有了大量代理 IP 后可以每请求几次更换一个 IP，这在 Requests 或者 urllib 中很容易做到，这样就能很容易地绕过第一种反爬虫措施。

②对于第二种情况，可以在每次请求后随机间隔几秒再进行下一次的请求。有些有逻辑漏洞的网站，可以通过"请求几次→退出登录→重新登录→继续请求"来绕过同一账号短时间内不能多次进行相同请求的限制。对账户做的防爬限制，一般难以应对，请求也往往可能被封，如果能有多个账户，切换使用，效果更佳。

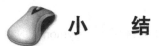

小　结

本章学习了使用 Python 构建网络爬虫的基本知识。首先学习了爬虫的基本概念，然后学习了网页请求的基本原理与 HTML 页面的基本解析方法，在此基础上构建了简单的爬虫程序。最后还学习了爬虫框架 Scrapy 的常用方法，在此基础上构建了一个爬虫程序。网络爬虫是当前大数据时代获取数据的重要手段，越来越获得重视，同时，各个网站为了保护自己的数据，也启用了包括人机验证在内的各种反爬取机制。本章的代码，可能在对应的网站启用更为严格的反爬取机制下失效，还需要同学们针对新的反爬取机制做对应的修改工作。

习　题

一、程序阅读题

写出下面程序的运行结果。

```
import re
```

```
content = '''
<td>
<a href="https://www.baidu.com/articles/zj.html" title="浙江省">浙江省主题介绍</a>
<a href="https://www.baidu.com//articles/gz.html" title="贵州省">贵州省主题介绍</a>
</td>
'''

#获取<a href></a>之间的内容
print(u'获取链接文本内容:' )
res = r'<a .*?>(.*?)</a>'
mm =   re.findall(
res, content, re.S|re.M)
for value in mm:
    print(value)

#获取所有<a href></a>链接所有内容
print(u'\n 获取完整链接内容:')
urls=re.findall(r"<a.*?href=.*?<\/a>", content, re.I|re.S|re.M)
for i in urls:
    print(i)

#获取<a href></a>中的 URL
print(u'\n 获取链接中 URL:')
res_url = r"(?<=href=\").+?(?=\")|(?<=href=\').+?(?=\')"
link = re.findall(res_url ,   content, re.I|re.S|re.M)
for url in link:
    print(url)
```

二、编程题

1．写一段爬虫程序，将百度关键字为"Python"的排名前 10 的网站的网站名及其域名抓取下来，并存到本地的表格文件中。

2．利用 Scrapy 框架创建一个项目，将百度关键字为"Python"的排名前 10 的网站的网站名及其域名抓取下来，并存到本地的表格文件中。

三、简答题

比较编程题中的两题，两种不同的方式形成的代码，总结使用框架的优点与缺点，以及在什么样的情况下应该使用框架进行编程。

第 12 章　图形用户界面设计

本章学习要求

➢ 了解图形用户界面设计
➢ 掌握 tkinter 的编程方法
➢ 了解几何布局管理器
➢ 了解事件处理
➢ 学会常用组件的使用

 ## 12.1　GUI 设计

图形用户界面（Graphical User Interface，GUI）是用户与应用程序之间进行交互控制和相互传递数据与信息的图形界面。

图形用户界面可以接收用户的输入并展示程序运行的结果，更友好地实现用户和程序的交互，提高使用的效率。

开发图形用户界面应用程序是 Python 的重要应用之一。实现图形用户界面可以使用标准库 tkinter（Tk interface，Tk 接口），还可以使用功能强大的 wxPython、Jython、PyQT 等扩展库。

本章以 tkinter 模块为例学习创建一些简单的 GUI 程序。

GUI 由基本控件、容器控件、系统菜单、快捷菜单、工具栏、对话框和窗口等组成，即在窗口中放置系统菜单、快捷菜单、工具栏和容器控件，在容器控件中放置标签、按钮和文本框等基本控件。

进行 GUI 编程，需要掌握组件和容器两个基本概念。

（1）组件是指标签、按钮、列表框等对象，需将其放在容器中显示。

（2）容器是指可放置其他组件或容器的对象，例如，窗口、Frame（框架）。

12.2　tkinter 编程概述

tkinter 模块包含在 Python 的基本安装包中。使用 tkinter 模块编写的 GUI 程序是跨平台的，可在 Windows、UNIX、Macintosh 等多种操作系统中运行。

12.2.1　第一个 tkinter GUI 程序

下面是一个 tkinter GUI 程序的例子，可以了解 tkinter GUI 程序的基本结构。

【例 12-1】用 tkinter 创建一个 Windows 窗口的 GUI 程序。

```
#lt12-1.py
import tkinter                                    #导入 tkinter 模块
import tkinter.messagebox
win = tkinter.Tk()                                #创建 Windows 窗口对象
label1 = tkinter.Label(win,text="我的第一个 GUI 程序")    #创建标签对象
btn1 = tkinter.Button(win,text="click")              #创建按钮对象
label1.pack()          #打包对象，使其显示在其父容器中
btn1.pack()

def hello(e):             #定义事件处理程序
    tkinter.messagebox.showinfo("Message","Hello, Python!")#弹出消息框
btn1.bind("<Button-1>",hello)              #绑定事件处理程序，鼠标左键
win.mainloop()         #启动事件循环
```

运行的结果如图 12-1 所示。

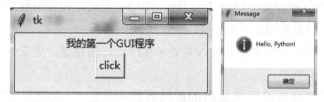

图 12-1　例 12-1 的运行结果

通过上面的例子可以得出，tkinter GUI 编程步骤大致包括以下几个部分。

（1）导入 tkinter 模块，例如，import tkinter 或 from tkinter import *。

（2）创建主窗口对象，如果未创建主窗口对象，tkinter 将以默认的顶层窗口作为主窗口。

（3）添加组件，如标签、按钮、输入文本框等组件对象。

（4）事件处理，设置需要发生的事件及其处理方法。

（5）打包组件，将组件显示在其父容器中。

（6）启动事件循环，启动 GUI 窗口，等待响应用户操作。

说明："def 函数名()"是用户自定义功能函数，这里定义了一个弹出消息框的函数，将它赋值给按钮控件的"command"属性就可以实现事件触发和响应的功能。

12.2.2 设置窗口和组件的属性

在 GUI 程序设计中，可以设置窗口标题和窗口大小，也可以设置组件的属性。常用的方法有 title()、geometry()和 config()方法。

1. title()方法和 geometry()方法

在创建主窗口对象后，可使用 title()方法设置窗口的标题，也可使用 geometry()方法设置窗口的大小，格式如下：

```
窗口对象. geometry(size)
```

其中，参数 size 格式为"宽度 x 高度"，这里的"x"不是乘号，而是字母 x。

【例 12-2】设置了标题和大小的窗口。

```
#lt12-2.py
import tkinter    as tt            #导入 tkinter 模块
win=tt.Tk()                        #创建名为 win 的 Windows 窗口对象
win.title("欢迎使用 GUI 程序")      #title()方法设置窗口标题
win.geometry('300x200')            #geometry()方法设置窗口大小
label1 = tt.Label(win,text="我的第二个 GUI 程序")    #创建标签对象
btn1 = tt.Button(win,text="click",width=10)          #创建按钮对象
label1.pack()
btn1.pack()
win.mainloop()
```

运行的结果如图 12-2 所示。

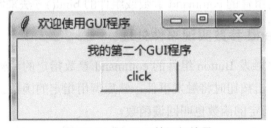

图 12-2 例 12-2 的运行结果

2. config()方法

config()方法用于设置组件文本、对齐方式、前景色、背景色、字体等属性。

【例 12-3】使用 config()方法配置组件属性。

```
#lt12-3.py
from tkinter import *              #导入 tkinter 模块所有内容
from tkinter import messagebox
def hello():                       #定义事件处理程序
    messagebox.showinfo("Message","Hello, Python!")    #弹出消息框
win=Tk()
win.title("配置组件属性")          #title()方法
win.geometry("600x400")            #geometry()方法
label = Label()
```

```
label.config(text="我的第三个 GUI 程序")          #配置文本属性
label.config(fg="white",bg="blue")              #配置前景和背景属性
label.pack()
btn1= Button()                                  #创建按钮组件 btn
btn1['text']="click"                            #配置文本属性的另一种方法
btn1['command'] = hello        #设置命令属性，绑定事件处理程序
btn1.pack()                    #调用组件的 pack 方法，调整其显示位置和大小
win.mainloop()
```

运行的结果如图 12-3 所示。

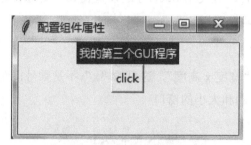

图 12-3   例 12-3 的运行结果

12.2.3   tkinter 的事件处理

图形用户界面经常需要用户对鼠标、键盘等操作做出反应，这就是事件处理。产生事件的鼠标、键盘等称作事件源，对应的操作称为事件。对这些事件做出响应的函数，称为事件处理程序。

事件处理通常使用组件的 command 参数或组件的 bind()方法来实现。

1. 使用 command 参数实现事件处理

单击按钮时，将会触发 Button 组件的 command 参数指定的函数。实际上是主窗口负责监听发生的事件，单击按钮时将触发事件，然后调用指定的函数。

由 command 参数指定的函数也叫回调函数。

各种组件，如 Radiobutton、Checkbutton、Spinbox 等，都支持使用 command 参数进行事件处理。

【例 12-4】示例代码如下：

```
#lt12-4-command.py
#from tkinter import *    #导入 tkinter 模块所有内容
import tkinter   as tt
def popwin():                   #定义事件处理程序
    tp=tt.Toplevel()                #Toplevel
    tp.title("Information")
    tp.geometry("200x150+500+150")
    label2 = tt.Label(tp,text="欢迎使用")     #创建标签对象
    label2.place(x=80, y=50)
win=tt.Tk()
win.title("欢迎使用 GUI 程序")         #title()方法
win.geometry('200x150+260+150')       #geometry()方法
```

```
label1 = tt.Label(win,text="我的第四个 GUI 程序")      #创建标签对象
btn1 = tt.Button(win,text='进入',width=10,command=popwin)
           #创建按钮对象
btn1.place(x=60, y=60, width=50, height=20)
label1.pack()
btn1.pack()
win.mainloop()
```

运行的结果如图 12-4 所示。

图 12-4　例 12-4 的运行结果

2. 使用组件的 bind()方法实现事件处理

在事件处理时，经常使用 bind()方法来为组件的事件绑定处理函数，语法格式为：

```
widget.bind(event, handler)
```

widget 是事件源，即产生事件的组件；event 是事件或事件名称；hander 是事件处理程序。

常见事件名称如表 12-1 所示。

表 12-1　常见事件名称

事件	事件属性
单击鼠标左键	1/Button-1/ButtonPress-1
松开鼠标左键	ButtonRelease-1
单击鼠标右键	3/Button-3
双击鼠标左键	Double-1/Double-Button-1
双击鼠标右键	Double-3
拖动鼠标移动	B1-Motion
鼠标移动到区域	Enter

【例 12-5】例 12-4 用 bind()方法来实现的事件处理。

```
#lt12-5-bind.py
from tkinter import *    #导入 tkinter 模块所有内容
from tkinter import messagebox
win=Tk()
def popwin(e):                    #定义事件处理程序 e
    tp=Toplevel()
    tp.title("Information")
```

```
        tp.geometry("200x150+500+150")
        label2 =Label(tp,text="欢迎使用")    #创建标签对象
        label2.place(x=80, y=50)
win.title("欢迎使用 GUI 程序")         #title()方法
win.geometry("300x200")        #geometry()方法
label1 =Label(win,text="我的第五个 GUI 程序")    #创建标签对象
btn1 = Button(win,text=" 进入")               #创建按钮对象
btn1.place(x=60, y=60, width=50, height=20)
label1.pack()
btn1.pack()
btn1.bind("<Button-1>",popwin)              #绑定事件处理程序，鼠标左键
win.mainloop()
```

12.3 tkinter GUI 的布局管理

布局是指一个容器中组件的位置安排。设计 GUI 程序时，需要设计组件的布局、组件的大小，还要设计和其他组件的相对位置。tkinter 布局管理器用于组织和管理组件的布局。

tkinter 可使用三种方法来实现布局：pack()、grid()、place()。

Frame 作为中间层的容器组件，可以分组管理组件，实现复杂的布局。

12.3.1 pack 布局的管理

在使用 pack 布局时，可向一个容器（区域）中添加组件，第一个在最上方，然后依次向下添加。其一般格式是：

pack(option=value, ……)

pack()方法的常用参数如表 12-2 所示。

表 12-2　pack()方法的常用参数

选项	意义	取值范围及说明
side	表示组件在容器中的位置	top（默认值）、bottom、left、right
anchor	表示组件在窗口中位置，对应于东南西北及 4 个角	n、s、e、w、nw、sw、ne、ne、center（默认）
fill	填充空间	x、y、both、none
expand	表示组件可拉伸	0 或 1
ipadx，ipady	组件内部在 x/y 方向上填充的空间大小	单位为 c（厘米）、m（毫米）、i（英寸）、p（打印机的点）
padx，pady	组件外部在 x/y 方向上填充的空间大小	单位为 c（厘米）、m（毫米）、i（英寸）、p（打印机的点）

【例 12-6】pack 几何布局示例。

```
#lt12-6-pack.py
from tkinter import *
win=Tk()
win.title("pack 布局管理窗口")              #title()方法
win.geometry("200x150")                    #geometry()方法

label = Label(win,text="pack 布局管理窗口\n",fg="white",bg="blue")
label.pack()
btn1=Button(win,text="按钮-1")
btn1.pack(side=TOP)
btn2=Button(win,text="按钮-2")
btn2.pack(side=LEFT)
btn3=Button(win,text="按钮-3")
btn3.pack(side=RIGHT)
btn4=Button(win,text="按钮-4")
btn4.pack(side=BOTTOM)
win.mainloop()
```

运行的结果如图 12-5 所示。

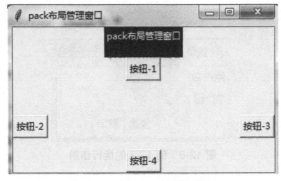

图 12-5　例 12-6 的运行结果

12.3.2　grid 布局的管理

使用 grid()方法的布局称为网格布局，它按照二维表格的形式，将容器划分为若干行和列，组件的位置由行列所在位置确定。grid()方法的常用参数如表 12-3 所示。

注意：在同一容器中，只能使用 pack()方法或 grid()方法中的一种布局方式。

表 12-3　grid()方法的常用参数

选项	意义	取值范围及说明
row，column	组件所在行和列的位置	整数
rowspan，columnspan	行跨度、列跨度	整数
sticky	组件紧贴所在单元格的某一边角，对应于东南西北及 4 个角	n、s、e、w、nw、sw、ne、ne、center（默认）

续表

选项	意义	取值范围及说明
ipadx，ipady	组件内部在 *x/y* 方向上填充的空间大小	单位为 c（厘米）、m（毫米）、i（英寸）、p（打印机的点）
padx，pady	组件外部在 *x/y* 方向上填充的空间大小	单位为 c（厘米）、m（毫米）、i（英寸）、p（打印机的点）

【例 12-7】使用 grid()方法设置组件布局。

```
#lt12-7-grid.py
from tkinter import *                    #导入 tkinter 模块所有内容
root = Tk(); root.title("登录")        #窗口标题
Label(root, text="用户名").grid(row=0, column=0)      #用户名标签放置第 0 行第 0 列
Entry(root).grid(row=0, column=1, columnspan=2)      #用户名文本框放置第 0 行第 1 列，跨 2 列
Label(root, text="密　码").grid(row=1, column=0)      #密码标签放置第 1 行第 0 列
Entry(root, show="*").grid(row=1, column=1, columnspan=2)    #密码文本框放置第 1 行第 1 列，跨 2 列
Button(root, text="登录").grid(row=3, column=1, sticky=E)    #登录按钮右侧贴紧
Button(root, text="取消").grid(row=3, column=2, sticky=W)    #取消按钮左侧贴紧
root.mainloop()
```

运行的结果如图 12-6 所示。

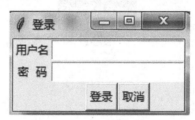

图 12-6　例 12-7 的运行结果

12.3.3　place 布局的管理

使用 place()方法的布局可以更精确地指定组件的大小和位置，不足之处是改变窗口大小时，子组件不能随之灵活改变大小。place()方法的常用参数如表 12-4 所示。

表 12-4　place()方法的常用参数

选项	意义	取值范围及说明
x，y	用绝对坐标指定组件的位置	从 0 开始的整数
height，width	指定组件的高度和宽度	像素
relx，rely	按容器高度和宽度的比例来指定组件的位置	0 ～ 1.0
relheight，relwidth	按容器高度和宽度的比例来指定组件的高度和宽度	0 ～ 1.0
anchor	对齐方式，对应于东南西北及 4 个角	n、s、e、w、nw、sw、ne、ne、center（默认）

【例 12-8】使用 place()方法的布局示例。

202

```
#lt12-8-place.py
import tkinter
import tkinter.messagebox

#创建应用程序窗口
win = tkinter.Tk()
win.title("登录")
win.geometry("200x120")
varName = tkinter.StringVar(value='')
varPwd = tkinter.StringVar(value='')

labelName = tkinter.Label(win, text='用户名  ', justify=tkinter.RIGHT, width=80)#创建标签
labelName.place(x=10, y=5, width=80, height=20)           #将标签放到窗口上，绝对坐标(10,5)

entryName = tkinter.Entry(win, width=80,textvariable=varName) #创建文本框，同时设置关联的变量
entryName.place(x=100, y=5, width=80, height=20)           #绝对坐标(100,5)

labelPwd = tkinter.Label(win, text='密码  ', justify=tkinter.RIGHT, width=80)
labelPwd.place(x=10, y=30, width=80, height=20)           #绝对坐标(10,30)

entryPwd = tkinter.Entry(win, show='*',width=80, textvariable=varPwd) #创建密码文本框
entryPwd.place(x=100, y=30, width=80, height=20)           #绝对坐标(100,30)

#登录按钮事件处理函数
def login():
    name = entryName.get()        #获取用户名
    pwd = entryPwd.get()          #获取密码
    if name=='admin' and pwd=='123456':
        tkinter.messagebox.showinfo(title='Python tkinter',message='OK')
    else:
        tkinter.messagebox.showerror('Python tkinter', message='Error')

#取消按钮的事件处理函数
def cancel():
    varName.set('')          #清空用户输入的用户名
    varPwd.set('')           #清空用户输入的密码

buttonOk = tkinter.Button(win, text='登录', command=login)   #创建按钮组件，同时设置按钮事件处
理函数
buttonOk.place(x=30, y=70, width=50, height=20)                 #绝对坐标(30,70)
buttonCancel = tkinter.Button(win, text='取消', command=cancel)
buttonCancel.place(x=90, y=70, width=50, height=20)           #绝对坐标(90,70)
win.mainloop()     #启动消息循环
```

输入的用户名和密码均正确的话，单击"登录"按钮，运行的结果如图 12-7 所示。

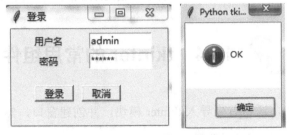

图 12-7 例 12-8 的运行结果

12.3.4　使用框架的复杂布局

框架（Frame）是一个容器组件，主要用于为其他组件分组，从而在功能上进一步分割一个窗体，实现复杂的布局。

Frame()的常用属性，如表 12-5 所示。

表 12-5　Frame()的常用属性

选项	意义	取值范围及说明
bd	指定边框宽度	TOP（默认值）、BOTTOM、LEFT、RIGHT
relief	指定边框样式	取值为 FLAT（扁平，默认值）、RAISED（凸起）、SUNKEN（凹陷）、RIDGE（脊状）、GROOVE（凹槽）和 SOLID（实线）
width，height	设置宽度或高度	如果忽略，容器通常根据内容组件的大小调整 Frame 大小

【例 12-9】使用 Frame()方法实现的复杂布局。

```
#lt12-9-Frame.py
from tkinter import *  #导入 tkinter 模块所有内容
win = Tk();
win.title("登录")  #窗口标题
f1 = Frame(win); f1.pack()  #界面分为上下 3 个 Frame，f1 放置第 1 行标签和文本框
f2 = Frame(win); f2.pack()  #f2 放置第 2 行标签和文本框
f3 = Frame(win); f3.pack()  #f3 放置第 3 行 2 个按钮
Label(f1, text="用户名").pack(side=LEFT)  #标签放置在 f1 中，左停靠
Entry(f1).pack(side=LEFT)            #单行文本框放置在 f1 中，左停靠
Label(f2, text="密　码").pack(side=LEFT)  #标签放置在 f2 中，左停靠
Entry(f2, show="*").pack(side=LEFT) #单行文本框放置在 f2 中，左停靠
Button(f3, text="取消").pack(side=RIGHT)  #按钮放置在 f3 中，右停靠
Button(f3, text="登录").pack(side=RIGHT)  #按钮放置在 f3 中，右停靠
#win.geometry ("300x200")
win.mainloop()
```

运行的结果如图 12-8 所示。

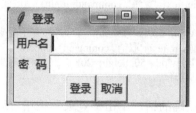

图 12-8　例 12-9 的运行结果

 ## 12.4　tkinter 的常用组件

在 Python 编程中，通常首先导入 tkinter 模块，并创建窗口，然后设计组件及其操作模式，定义事件处理函数和普通函数。

12.4.1   tkinter 组件概述

tkinter 提供各种组件（或称控件），如按钮、标签和文本框等，使用户在编写 GUI 程序时进行调用。常用的 tkinter 控件如表 12-6 所示。

表 12-6　常用的 tkinter 控件

控件	名称	描述
Button	按钮	在程序中显示按钮，执行用户的单击操作
Canvas	画布	显示图形元素，如线条或文本
CheckButton	复选框	用来标识是否选定某个选项
Entry	输入框	用于显示和输入简单的单行文本
Frame	框架	在屏幕上显示一个矩形区域，多用来作为容器
Label	标签	用于在窗口中显示文本或位图
ListBox	列表框	列表框允许用户一次选择一个或多个列表项
MenuButton	菜单按钮	用于显示菜单项
Menu	菜单	显示菜单栏、下拉菜单和弹出菜单
Message	消息框	显示多行文本信息，与 Label 比较类似
RadioButton	单选按钮	选择同一组单选按钮中的一个
Scale	刻度控件	显示一个数值刻度，为输出限定范围的数字区间
ScrollBar	滚动条	当内容超过可视化区域时使用，如列表框
Text	文本框	可以显示单行或多行文本
TopLevel	容器	用来提供一个单独的对话框，和 Frame 比较类似
SpinBox	滑动杆输入	与 Entry 类似，但是可以指定输入范围值
PanedWindow	面板窗口布局管理	用于窗口布局管理的插件，可以包含一个或者多个子控件
LabelFrame	标签框架容器	一个简单的容器控件，常用于复杂的窗口布局
tkMessageBox	消息框	用于显示应用程序的提示信息

12.4.2   标准属性

每个控件都有很多属性可供用户定制，其中有一些属性是所有控件都具有的，如大小、字体和颜色等，称为标准属性，tkinter 控件常用的组件标准属性如表 12-7 所示。

表 12-7　常用的组件标准属性

属性	描述
dimension	控件大小
color	控件颜色
font	控件字体

续表

属性	描述
anchor	锚点（内容停靠位置），对应于东南西北及 4 个角 有 9 个不同的值：E、S、W、N、NW、WS、SE、EN 和 CENTER，分别表示东、南、西、北、西北、西南、东南、东北和中央
relief	控件样式
bitmap	位图
cursor	光标
text	显示文本内容
state	设置组件状态，正常（normal）、激活（active）、禁用（disabled）、

可以通过下列方式设置组件属性：

```
botton1 = Button(win，text="确定")        #组件对象的构造函数
botton1 .config(text="确定")             #组件对象的 config 方法的命名参数
botton1 ["text"] ="确定"                 #组件对象属性赋值
```

12.4.3　Label 标签组件

Label 组件主要用于在窗口中显示文本或位图。

【例 12-10】Label 组件示例。

```
#lt12-10-label.py
from tkinter import *                      #导入 tkinter 模块所有内容
win = Tk();
win.title("Label 示例")                    #窗口标题
label1 = Label(win, text="姓名:")          #创建 Label 组件对象，显示文本为"姓名"
label1.config(width=20, bg='black', fg='white')   #设置宽度、背景色、前景色
label1.config(font=('宋体',25) )
label1['anchor'] = W                       #设置停靠方式为左对齐
label1.pack()
win.mainloop()
```

运行的结果如图 12-9 所示。

图 12-9　例 12-10 的运行结果

12.4.4　Button 按钮

Button 组件用于创建命令按钮，常常用它来接收用户的操作信息，激发某些事件，实现一个命令的启动、中断和结束等操作。Button 组件的 command 属性用于指定响应函数。

【例 12-11】Button 组件示例，单击按钮，计算 1～100 的累加值。

```python
#lt12-11-Button.py
from tkinter import *
win=Tk()
win.title("Button Test")
win.geometry("300x200")
label1=Label(win,text='此处显示计算结果 ')
label1.config(font=('宋体',12))
label1.place(x=60,y=100)

def computing():
    sum = 0
    for i in range(100+1):
        sum+=i
    result="累加结果是： "+ str(sum)
    label1.config(text=result)

str1='计算 1-100 累加值'
mybutton=Button(win,text=str1)
mybutton.config(justify=CENTER)              #设置按钮文本居中
mybutton.config(width=20,height=3)           #设置标签的宽和高
mybutton.config(bd=3,relief=RAISED)          #设置边框宽度和样式
mybutton.config(anchor=CENTER)               #设置内容在按钮内部居中
mybutton.config(font=('隶书',12,'underline'))
mybutton.config(command=computing)
mybutton.config(activebackground='yellow')
mybutton.config(activeforeground='red')
mybutton.pack()
win.mainloop()
```

运行的结果如图 12-10 所示。

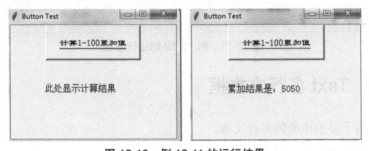

图 12-10　例 12-11 的运行结果

12.4.5　Entry 输入框

Entry 组件，用于显示和输入简单的单行文本。输入框的外观类似于普通文本框，但与一般文本框不同的是，它可以从程序变量中获取用户输入的值。

【例 12-12】输入一个年份，判断其是不是闰年。

```python
#lt12-12-Entry-year.py
from tkinter import *
win=Tk()
```

```
win.title("Entry Test")
win.geometry("400x200")

def judge():
    year= int(entry1.get())
    if (year % 4 == 0 and year % 100 != 0 ) or year % 400 == 0:
        label2.config(text="闰年")
    else:
        label2.config(text="平年")

label1=Label(win,text='请输入年份：   ',width=10)
label1.pack()
year = StringVar()
entry1 = Entry(win,width=16,textvariable = year)
entry1.pack()
year.set("年份")
button1=Button(win,text="判断",command=judge)
button1.pack()
label2=Label(win,text=" " )
label2.config(width=14,height=3)
label2.pack()

win.mainloop()
```

运行的结果如图 12-11 所示。

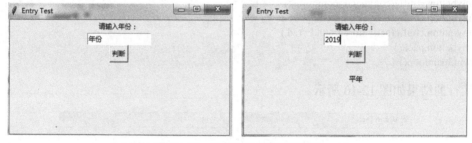

图 12-11　例 12-12 的运行结果

12.4.6　Text 多行文本框

Text 组件用于显示和编辑多行文本。

【例 12-13】Entry、Text 组件示例。

```
#ltext2-13-text.py
from tkinter import *
def copy():
    ct=text1.get('1.0',END)
    text2.insert(INSERT,ct)
win=Tk()
win.title('text 组件测试')
win.geometry("360x260")
text1=Text(win)
text1.insert('1.0',"Hi！ \n")
text1.insert(END,"How are you！ \n")
text1.place(x=10,y=10)
```

```
btn=Button(win,text='复制',command=copy)
btn.place(x=50,y=110)
text2=Text(win)
text2.place(x=10,y=150)
win.mainloop()
```

运行的结果如图 12-12 所示。

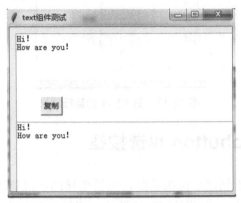

图 12-12　例 12-13 的运行结果

12.4.7　Listbox 列表框

Listbox 组件用于显示项目列表，用户可以从中选择一个或多个项目。

【例 12-14】Listbox 示例：实现列表选择功能。

```
#lt12-14.py
from  tkinter import *        #导入 tkinter 库
win = Tk()                    #创建窗口对象 win
win.title('列表框')            #设置窗口标题
def funcToRight():            #定义事件处理程序：在右边列表框显示左边列表框选中的内容
    for item in listb1.curselection():          #选中的内容
        listb2.insert(END, listb1.get(item))    #插入到右边列表框
    for item in listb1.curselection():
        listb1.delete(item)   #从左边列表框中一一删除选中的内容
def funcToLeft():             #定义事件处理程序：在左边列表框中显示右边列表框选中的内容
    for item in listb2.curselection():    #选中的内容
        listb1.insert(END, listb2.get(item)) #插入左边列表框
    for item in listb2.curselection():
        listb2.delete(item)   #从右边列表框中一一删除选中的内容
#创建两个列表
listb1 = Listbox(win, width=10, height=6)    #创建 Listbox 组件
listb1.insert(0, '北京', '天津', '上海', '重庆')  #插入列表数据
listb1.grid(row=0, column=0, rowspan=5)      #置于 0 行 0 列跨 5 行
listb2 = Listbox(win, width=10, height=6)    #创建 Listbox 组件
listb2.grid(row=0, column=2, rowspan=5)      #0 行 2 列跨 5 行
#创建两个按钮
btn1 = Button(win, text='  >  ', command=funcToRight)  #创建按钮组件
btn1.grid(row=1, column=1)  #置于 1 行 1 列
btn2 = Button(win, text='  <  ', command=funcToLeft) #创建按钮组件
btn2.grid(row=3, column=1)   #置于 3 行 1 列
```

win.mainloop() #调用组件的 mainloop 方法，进入事件循环

运行的结果如图 12-13 所示。

图 12-13　例 12-14 的运行结果

12.4.8　Radiobutton 单选按钮

Radiobutton 组件用于创建单选按钮组，可以选择同一组单选按钮中的一个。即同一"容器"中的单选按钮提供的选项是相互排斥的，即只要选中某个选项，其余选项就自动取消选中状态。

【例 12-15】Radiobutton 示例。

```
#lt12-15-radiobutton.py
from tkinter import *                    #导入 tkinter 模块所有内容
win = Tk();
win.title("Radiobutton")    #窗口标题
var = StringVar();
var.set('M')       #创建 StringVar 对象，并设置初始值
radio1 = Radiobutton(win, text="男", value='M', variable=var)
radio2 = Radiobutton(win, text="女", value='F', variable=var)
radio1.pack(side=LEFT)
radio2.pack(side=LEFT)
var.get()                   #选择女后，获取其值：'F'
win.mainloop()
print(var.get())
```

运行的结果如图 12-14 所示。

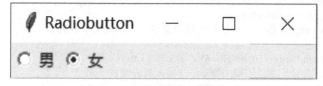

图 12-14　例 12-15 的运行结果

12.4.9　Checkbutton 复选框

Checkbutton 组件用于创建复选框，可在界面上提供多个选项让用户勾选。一组复选框可以提供多个选项，它们彼此独立工作，所以用户可以同时选择任意多个选项。

【例 12-16】Checkbutton 示例。

```
#lt12-16-checkbutton.py
from tkinter import *              #导入 tkinter 模块所有内容
win = Tk();
win.title("Checkbutton")           #窗口标题
var1 = StringVar()                 #创建 StringVar 对象
var1.set('yes')                    #设置默认值为'yes', 对应选择状态
var2 = StringVar()
var2.set('no')
check1 = Checkbutton(win, text="体育", variable=var1, onvalue='yes', offvalue='no')
check2 = Checkbutton(win, text="音乐", variable=var2, onvalue='yes', offvalue='no')
check1.pack()
check2.pack()         #
var1.get()                         #用户勾选后，获取其值为'no'
var1.get()
win.mainloop()
print(var1.get())
print(var2.get())
```

运行的结果如图 12-15 所示。

图 12-15　例 12-16 的运行结果

【例 12-17】Radiobutton 和 Checkbox 示例：实现调查个人信息。

```
#lt12-17.py
from tkinter import *                  #导入 tkinter 模块所有内容
from tkinter import messagebox
win = Tk()             #创建 1 个 Tk 根窗口组件 win
win.title('个人信息调查')  #设置窗口标题
def funcOK():        #定义提交事件处理程序
    strSex = '男' if (vSex.get()=='M') else '女'
    strMusic = checkboxMusic['text'] if (vHobbyMusic.get()==1) else "
    strSports = checkboxSports['text'] if (vHobbySports.get()==1) else "
    strTravel = checkboxTravel['text'] if (vHobbyTravel.get()==1) else "
    strMovie = checkboxMovie['text'] if (vHobbyMovie.get()==1) else "
    str1 = entryName.get() + ' 您好：\n'
    str1 += "您的性别是: " + strSex + '\n'
    str1 += '您的爱好是:\n  ' + strMusic + ' ' + strSports + ' ' + strTravel + ' ' + strMovie
    messagebox.showinfo("个人信息", str1) #弹出消息框

lblTitle = Label(win, text='个人信息调查') #个人信息调查标签
lblName = Label(win, text='姓名')       #姓名标签
lblSex = Label(win, text='性别')        #性别标签
lblHobby = Label(win, text='爱好')      #爱好标签
lblTitle.grid(row=0, column=0, columnspan=4)   #个人信息标签置于 0 行 0 列跨 4 列
lblName.grid(row=1, column=0)   #姓名标签置于 1 行 0 列
lblSex.grid(row=2, column=0)        #4 性别标签置于 2 行 0 列
```

211

```
lblHobby.grid(row=3, column=0)  #爱好标签置于 3 行 0 列
#文本框
entryName = Entry(win)  #创建 Entry 文本框组件，姓名
entryName.grid(row=1, column=1, columnspan=3)  #姓名文本框置于 1 行 1 列
#单选按钮
vSex = StringVar()  #创建 StringVar 对象，性别
vSex.set('M')  #设置初始值：男性
radioSexM = Radiobutton(win, text="男", value='M', variable=vSex)  #单选按钮
radioSexF = Radiobutton(win, text="女", value='F', variable=vSex)
radioSexM.grid(row=2, column=1)    #男性单选按钮置于 2 行 1 列
radioSexF.grid(row=2, column=2)    #女性单选按钮置于 2 行 2 列
#复选框
vHobbyMusic = IntVar()    #创建 IntVar 对象：爱好音乐
vHobbySports = IntVar()    #创建 IntVar 对象：爱好运动
vHobbyTravel = IntVar()    #创建 IntVar 对象：爱好旅游
vHobbyMovie = IntVar()    #创建 IntVar 对象：爱好影视
checkboxMusic = Checkbutton(win, text="音乐", variable=vHobbyMusic)        #音乐
checkboxSports = Checkbutton(win, text="运动", variable=vHobbySports)      #运动
checkboxTravel = Checkbutton(win, text="旅游", variable=vHobbyTravel)      #旅游
checkboxMovie = Checkbutton(win, text="影视", variable=vHobbyMovie)        #影视
checkboxMusic.grid(row=3, column=1)        #音乐复选框置于 3 行 1 列
checkboxSports.grid(row=3, column=2)       #运动复选框置于 3 行 2 列
checkboxTravel.grid(row=3, column=3)       #旅游复选框置于 3 行 3 列
checkboxMovie.grid(row=3, column=4)        #影视复选框置于 3 行 4 列
#按钮
btnOk = Button(win, text='提交', command=funcOK)  #创建提交按钮组件
btnOk.grid(row=4, column=1, sticky=E)  #提交按钮置于 4 行 1 列
btnCancel = Button(win, text='取消', command=win.destroy)  #创建取消按钮组件
btnCancel.grid(row=4, column=3, sticky=W)  #取消按钮置于 4 行 3 列

win.mainloop()  #调用组件的 mainloop 方法，进入事件循环
```

运行的结果如图 12-16 所示。

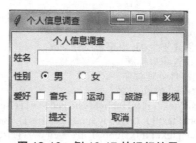

图 12-16　例 12-17 的运行结果

12.4.10　ttk 模块控件

tkinter 模块包含子模块 ttk，ttk 包含了 tkinter 中所没有的基本控件，如 Combobox、Progressbar、Notebook、Treeview 等，使 tkinter 更实用。

下面介绍组合框 Combobox 的用法。组合框 Combobox 创建包含多个选项的组合列表，将文本框和列表框的功能组合起来，列表可以包含一个或者多个选项。

列表对象=Combobox（父级对象,[属性列表]）

【例 12-18】利用 Combobox 创建标签和组合框，单击组合框的选项之后，修改标签的属性。

```
#lt12-18.py
import tkinter as tk
from tkinter import ttk
def select(*args):
    label1['text']='选择结果： '+combo.get()
def OK():
    label2['text']='你的选择结果是： '+combo.get()

win=tk.Tk()
win.title('Combobox 测试')
win.geometry('300x300+200+100')
label1=tk.Label(win,text='请选择: ')
label1.place(x=30,y=10)
label2=tk.Label(win,text=' ')
label2.place(x=30,y=200)

var=tk.StringVar()
combo=ttk.Combobox(win, textvariable=var,width=30)
combo['values']=('张三','李四','王五', '陈六', '洪七')
combo.current(0)
combo.bind('<<ComboboxSelected>>', select)

btn=tk.Button(win,text='确定',command=OK)
btn.place(x=50,y=150)
print(combo.get())
combo.place(x=30,y=30)
win.mainloop()
```

运行的结果如图 12-17 所示。

图 12-17　例 12-18 的运行结果

12.5　实例应用

【例 12-19】设计一个计算机考试报名系统。

本程序设计一个包含 Label 组件、Entry 组件、Combobox 组件、Radiobutton 组件、Checkbutton 组件的 GUI 界面。

程序运行后，输入考生姓名、学号，选择考生学院、专业，并选择考试类别，单击"核对信息"按钮，将学生信息添加到列表框中。确认无误后，单击"提交"按钮，提交报名信息。

```python
#lt12-19.py
import tkinter
import tkinter.messagebox
import tkinter.ttk

#创建 tkinter 应用程序
win = tkinter.Tk()
#设置窗口标题
win.title('计算机考试报名系统')
#定义窗口大小
win.geometry("440x360")
#与姓名关联的变量
varName = tkinter.StringVar()
varName.set('')
#与学号关联的变量
varNum = tkinter.StringVar()
varNum.set('')
#创建标签，然后放到窗口上
labelName=tkinter.Label(win, text='姓名:',justify=tkinter.LEFT,width=10)
labelName.grid(row=1,column=1)
#创建文本框，同时设置关联的变量
entryName = tkinter.Entry(win, width=14,textvariable=varName)
entryName.grid(row=1,column=2,pady=5)

labelNum=tkinter.Label(win, text='学号:',justify=tkinter.LEFT,width=10)
labelNum.grid(row=1,column=3)
entryNum = tkinter.Entry(win, width=14,textvariable=varNum)
entryNum.grid(row=1,column=4,pady=5)

labelGrade=tkinter.Label(win,text='学院：',justify=tkinter.RIGHT,width=10)
labelGrade.grid(row=3,column=1)

#模拟考生所在班级，字典键为学院，字典值为专业
datas = {'电气学院':['电气', '自动化', '机器人', '建筑电气'],
                '机械学院':['机制', '材料','车辆'],
                '管理学院':['经济', '贸易', '管理']}
#考生学院组合框
comboCollege=tkinter.ttk.Combobox(win,width=11,values=tuple(datas.keys()))
comboCollege.grid(row=3,column=2)

#事件处理函数
def comboChange(event):
    grade = comboCollege.get()
    if grade:
        #动态改变组合框可选项
        comboMajor["values"] = datas.get(grade)
    else:
        comboMajor.set([])

#绑定组合框事件处理函数
comboCollege.bind('<<ComboboxSelected>>', comboChange)
```

```
labelClass=tkinter.Label(win,text='专业:',justify=tkinter.RIGHT,width=10)
labelClass.grid(row=3,column=3)
#考生地区组合框
comboMajor = tkinter.ttk.Combobox(win, width=11)
comboMajor.grid(row=3,column=4)

labelSex=tkinter.Label(win,text='请选择类别:',justify=tkinter.RIGHT,width
=10)
labelSex.grid(row=5,column=1)

#与考生类别关联的变量，1:一级；0:二级，默认为一级
stuType = tkinter.IntVar()
stuType.set(1)
radio1=tkinter.Radiobutton(win,variable=stuType,value=1,text='一级')
radio1.grid(row=5,column=2,pady=5)
radio2=tkinter.Radiobutton(win,variable=stuType,value=0,text='二级')
radio2.grid(row=5,column=3)

#添加按钮单击事件处理函数
def checkInformation():
    result=' 姓名:' + entryName.get()
    result= result+'; 学号:' + entryNum.get()
    result= result+'; 学院:' + comboCollege.get()
    result= result+'; 专业:' + comboMajor.get()
    result= result+'; 类别:'+('一级' if stuType.get() else '二级')
    listboxStudent.insert(0, result)

buttonCheck= tkinter.Button(win,text='核对信息',width=10,command=
checkInformation)
buttonCheck.grid(row=7,column=1)

def submitOK():        #定义提交事件处理程序
    result=' 姓名:' + entryName.get() +'\n'
    result +=   ' 学号:' + entryNum.get() +'\n'
    result +=   ' 学院:' + comboCollege.get() +'\n'
    result +=   ' 专业:' + comboMajor.get() +'\n'
    result +=   ' 类别:'+('一级' if stuType.get() else '二级')
    f = open("test.txt",mode='a')
    f.write("报名信息.\n")
    f.write(result)
    f.close()

buttonSubmit= tkinter.Button(win, text='提交',width=10,command=submitOK)
buttonSubmit.grid(row=7,column=2)

buttonCancel = tkinter.Button(win, text='关闭', command=win.destroy) #创建取消按钮组件
buttonCancel.grid(row=7, column=3, sticky=tkinter.W) #取消按钮置于 4 行 3 列

#创建列表框组件
listboxStudent = tkinter.Listbox(win, width=60)
listboxStudent.grid(row=8,column=1,columnspan=4,padx=5)
#启动消息循环
win.mainloop()
```

运行的结果如图 12-18 所示。

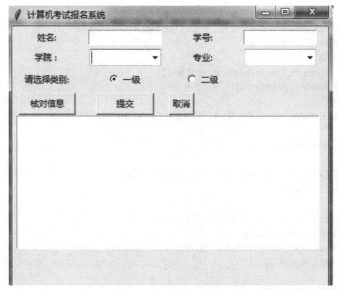

图 12-18　例 12-19 的运行结果

　小　　结

本章介绍使用学习 tkinter 模块来创建 Python 的 GUI 应用程序。

● 组件和容器的概念，设置窗口和组件属性的 title()方法、geometry()方法和 config()方法。

● tkinter GUI 程序的基本结构。实现组件布局的方法称为布局管理器或几何管理器，tkinter 使用三种方法来实现布局功能：pack()、grid()、place()。

● 由 tkinter 的各种组件构造窗口中的对象，常用的组件包括 Label 组件、Button 组件、Entry 组件、Listbox 组件、Radiobutton 组件、Checkbutton 组件等。

图形用户界面经常需要用户对鼠标、键盘等操作做出事件处理。事件处理通常使用组件的 command 参数和组件的 bind()方法来实现。

　习　　题

一、填空题

查看变量类型的 Python 内置函数是_____。

二、选择题

1．在 tkinter 的布局管理器中，可以精确定义组件位置的方法是（　　　）。

A．place()　　　　　B．grid()　　　　　C．frame()　　　　　D．pack()

2．可以接收单行文本输入的组件是（　　　）。

A．Text　　　　　　　B．Lebel　　　　　　C．Entry　　　　　　D．Listbox

三、编程题

1．设计 GUI 界面，模拟 QQ 登录界面，用户输入用户名和密码，如果正确提示登录成功；否则提示登录失败。

2．运行程序，显示一个计算圆面积的简单界面，如图 12-19 所示，在文本框中输入圆的半径值，单击"计算"按钮，程序会计算并输出圆面积。

图 12-19　题 2 的运行结果

3．下面的程序用于显示某段时期内所有的闰年。如图 12-20 所示，窗体左侧有一图片框 Picture1，用于显示闰年。右侧有两个文本框 Text1 和 Text2，分别用于输入起始年份和终止年份，要求文本框不接收非数字键。单击"显示"按钮显示结果。判断闰年的条件是：年号能被 4 整除但不能被 100 整除，或者能被 400 整除。

图 12-20　例 12-10 的运行结果

4．设计一个个人信息输入窗口，单击"确定"按钮，列表框显示结果，如图 12-21 所示。所有对象都是按从上到下，从左到右的顺序建立的，使用默认对象名。4 个检查框使用控件数组，名为 Check。

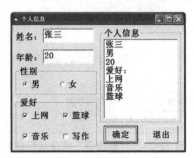

图 12-21　"个人资料"程序

5．设计一个个人资料输入窗口，使用单选按钮选择"性别"，组合框列表选择"民族"和"职业"，检查框选择"爱好"；单击"确定"按钮，列表框列出个人资料信息；单击"重选"按钮，列表框清空；单击"上交"按钮，退出程序。程序运行界面设计如图 12-22 所示。

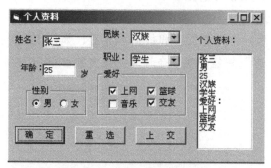

图 12-22　"个人资料"程序

6．运行时初态如图 12-23 所示，3 个文本框 Text1、Text2、Text3 和"保存"按钮 Command1 不可用。输入姓名按回车键后 Text2 可用，输入学号按回车键后 Text3 可用，输入成绩按回车键后"保存"按钮可用，单击"保存"按钮将数据添加到文件 D:\score.txt 中，界面恢复初态。退出前可继续输入、保存数据。

图 12-23　"成绩输入"程序

7．设计"健康秤"程序，界面设计如图 12-24 所示。具体要求如下：

（1）将两个文本框的文字对齐方式均设置为右对齐，最多接收 3 个字符。

（2）两个文本框均不接收非数字键。

（3）单击"健康状况"按钮后，根据计算公式将相应提示信息通过标签显示在按钮的右边。

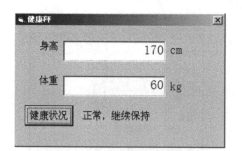

图 12-24　"健康秤"程序运行结果

计算公式为：标准体重=身高−105

体重高于标准体重的 1.1 倍，为偏胖，提示"偏胖，加强锻炼，注意饮食"；

体重低于标准体重的 90%，为偏瘦，提示"偏瘦，增加营养"；

其他为正常，提示"正常，继续保持"。

8. 设计一个家电提货管理程序，程序运行界面如图 12-25 所示。具体要求如下：

（1）根据选择的家电及数量，单击"确定"按钮后，列表框列出清单和总价。

（2）"清除"按钮，用于清除列表框中的项目。

（3）所有文本框只接收数字。

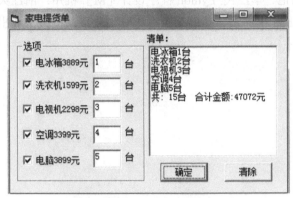

图 12-25　家电提货管理程序

参考文献

［1］嵩天. Python 语言程序设计基础［M］. 2 版. 北京：高等教育出版社，2017.

［2］陈春晖、翁恺、季江民. Python 程序设计［M］. 杭州：浙江大学出版社，2019.

［3］董付国. Python 程序设计基础与应用［M］. 北京：机械工业出版社，2018.